国家节能中心 编著

重点节能技术应用
典型案例
2021—2022

中国商业出版社

图书在版编目（ＣＩＰ）数据

重点节能技术应用典型案例. 2021-2022 / 国家节能
中心编著. —北京：中国商业出版社，2023.10
ISBN 978-7-5208-2688-4

Ⅰ.①重… Ⅱ.①国… Ⅲ.①节能—案例—汇编—中
国—2021-2022 Ⅳ.①TK018

中国国家版本馆CIP数据核字（2023）第209043号

责任编辑：吴　倩

中国商业出版社出版发行
（www.zgsycb.com　100053　北京广安门内报国寺1号）
总编室：010-63180647　　编辑室：010-83128926
发行部：010-83120835/8286
新华书店经销
北京七彩京通数码快印有限公司印刷

*

710毫米×1000毫米　　16开　19印张　248千字
2023年10月第1版　2023年10月第1次印刷
定价：68.00元

****

（如有印装质量问题可更换）

《重点节能技术应用典型案例2021—2022》

指导委员会

院士指导：何雅玲　中国科学院院士

　　　　　倪维斗　中国工程院院士

主　　任：任献光

副 主 任：史作廷

成　　员：（按姓氏笔画排列）

刁立璋	王　鹤	王志刚	田丽君	史作廷	付　林
宁洪震	邢德山	吕天文	朱海燕	任　锋	任献光
刘　烨	刘英姿	刘建友	刘智光	刘锡柱	许明超
论立勇	阮　军	孙晓林	李　丹	李　震	李北元
李永亮	李保山	李惊涛	李德英	杨玉忠	杨光耀
杨仲卿	吴玉鲲	吴春玲	汪新麟	沈照人	张　敏
张　磊	张月峰	张欣欣	张雪峰	陈云川	邵朱强
武宇亮	周劲松	郑忠海	项定先	郝江平	柳晓雷
钟　鸣	郐　学	秦宏波	袁卫星	索也兵	高文斌
黄通勋	梁　喆	梁继明	董巨威	路　宾	

编写委员会

主　编：史作廷

副主编：辛　升　郝江平

成　员：史作廷　辛　升　郝江平　公丕芹　高　扬　李远钊

　　　　于泽昊　韦志浩　周劲松　刘智光　乔　宇　邓海军

　　　　李元阳　袁　奇　谷俊杰　王秋景　郭立成　徐恩方

　　　　李宝宇　刘树钢　项　铎　徐生恒　何　洋　张新昌

　　　　吴铭定　王伟峰

　　为深入学习贯彻习近平生态文明思想，全面贯彻落实党的二十大精神，充分发挥先进节能技术在促进经济社会发展全面绿色转型中的重要作用，培育壮大节能环保产业，构建市场导向的绿色技术创新体系，2021 年 4 月至 2022 年 10 月，国家节能中心组织开展了第三届重点节能技术应用典型案例评选工作。经过初筛分类、信誉核实、专家遴选和组织、初步评选、情况复核、现场答辩、现场核实等十几个环节，最终由专家团队确定了 16 个重点节能技术应用典型案例并于 2022 年 10 月 14 日进行了通告。2022 年 12 月 30 日，国家节能中心以"线上＋线下"相结合的方式举办了重点节能技术应用典型案例（2021）首场发布推介服务活动，向 16 家最终入选典型案例技术企业颁发了证书、荣誉杯，为 16 家案例技术应用单位颁发了证牌；4 位技术推广顾问代表现场对入选典型案例技术特点、优势和案例应用情况逐一进行评价推介，播放了 16 家案例技术单位制作的视频宣传片。我们还根据疫情实际情况创新工作方式，组织案例技术单位和技术应用单位在生产一线领取了证书，开展了案例技术应用现场商标贴标活动并各自录制短视频，在首场发布推介服务活动上播放《来自一线的荣誉——入选国家节能中心第三届重点节能技术应用典型案例技术和应用单位获证书等自媒体视频集锦》《绿标联接你我他——入选国家节能中心第三届重点节能技术应用典型案例技术和应用单位贴标等自媒体视频集锦》，充分体现了典型案例技术来自生产一线、要应用到生产一线、荣誉也应奖励给生产一线的技术员工等理念，取得了良好的宣传推广效果。首场发布推介服务活动后，我们采用多种方式对典型案例技术开展了持续的宣传报道，制作了宣传展板在中心展示专区进行长期展览展示，并多次邀请典型案例技术企业在各类相关活动中进行技术讲解、参加供需对接等；后续还将持续加以宣传推广。

　　为进一步推动典型案例技术的推广应用、发挥示范引领作用，同时供地方、行业进行节能技术改造时作为参考和简介，我们编写了《重点节能技术应用典型案例2021—2022》一书。本书突出介绍了节能技术的先进性、适用性以及典型案例情况，力图使各类用能单位在开展节能技术改造过程中能够从此书中获得借鉴。

　　在编写过程中，得到了案例技术单位、地方节能中心、相关科研院所等单位专家的大力支持和帮助，对他们在此过程中的辛勤付出和智慧贡献一并表示感谢。

　　由于编写时间仓促，本书难免有不足之处，敬请读者批评指正。

本书编委会

2023 年 10 月

目　录

附件

宁波大榭石化乙苯装置工艺
热水升温型热泵余热回收项目

1 案例名称

宁波大榭石化乙苯装置工艺热水升温型热泵余热回收项目

2 技术单位

北京华源泰盟节能设备有限公司

3 技术简介

3.1 应用领域

本技术通过中温热能驱动第二类吸收式热泵，可分别产出高温热能和低温热能，从而使热量分级利用。本技术特别适用于石化等行业的余热回收利用领域，可使部分废热提升品质后加以利用。

3.2 技术原理

本技术以溴化锂—水为工质，废热水或废蒸汽为蒸发器的热源加热介质。在蒸发器中，管外的冷剂水被管内的热源加热而蒸发成冷剂蒸汽，然后进入吸收器，被来自发生器的溴化锂浓溶液吸收，而吸收过程中释放出的热量，把流

1

过吸收器传热管内的水加热，从而得到所需要的高温热水。另一方面，吸收冷剂蒸汽后的稀溶液流出吸收器后，经溶液热交换器和节流阀进入发生器，被传热管内流过的废热水（或气/汽）加热升温至沸腾，再产生低压冷剂蒸汽，同时溶液浓缩成浓溶液。溴化锂浓溶液由溶液泵升压，经热交换器输送至吸收器，重新吸收冷剂蒸汽。发生器中产生的低压冷剂蒸汽进入冷凝器，被传热管内的冷却水冷却成冷剂水，由冷剂水泵升压输送至蒸发器，再次被加热蒸发，从而完成循环。

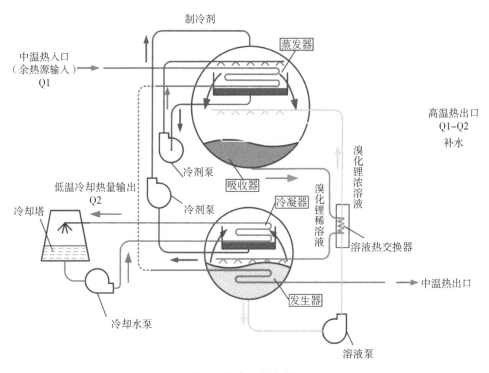

图 1　技术工艺流程

图 1 为采用余热为驱动热源的技术工艺流程图。中温热入口带入的热量减去中温热出口带出的热量，为余热源向系统输入的热量 Q1。若系统经冷却塔的散热为 Q2，则系统产生的高温热为 Q1-Q2。

与第一类吸收式热泵不同，第二类吸收式热泵的蒸发器压力大于冷凝器压力，冷凝器的真空度由冷却塔系统和抽真空系统共同维持。第二类吸收式热泵损失了部分中温热（由冷却塔排放）而产生高温热，使无法利用的中温废热得以部分提升品质，从而回收利用。第二类吸收式热泵中产出的高温热量来源于吸收过程中产生的物理吸收热。

3.3 关键技术及创新点

北京华源泰盟研发的热泵机组能很好地与原生产系统相匹配，具有高效性、稳定性、安全性。

根据不同项目情况，热泵机组采用专门定制设计，合理配比热泵四大换热器的比例；采用中温热源串联进入蒸发器和发生器的流程，保证了驱动热源的热量可以得到充分释放利用；在热泵内部采用高效换热的降膜技术，以保障机组的高性能运行。

厂区设备在进行正常检修时，由于个别设备的停机，造成热源波动大，若按常规溴化锂制冷机理念来设计热泵机组是无法适应工况大范围波动的，造成变工况时热泵机组低效，甚至无法正常运行。针对厂区系统的特性，对热泵机组进行全工况设计，溶液和冷剂的循环采用变频技术及完善的自动控制系统，合理的溶液浓度配比及储液箱设计，保证了热泵机组在全工况下都能正常高效运行。

溴化锂热泵机组同溴化锂制冷机一样，存在冷剂污染和溶质结晶问题。为避免冷剂污染，机组合理组织了流程，并采用了高效挡液结构；通过优化设计和控制溶液的温度和浓度等参数，采用预警、极限冷剂溢流和自动融晶等措施来预防溶液结晶问题。

由于设备真空度下降和溶液循环系统堵塞等原因，通常溴化锂制冷机和热泵机组投运后性能会逐年衰减。本技术热泵机组通过一些改进措施已彻底解决了该问题，有的机组在运行一年之后性能还有一定程度的提升。首先，通过先进的制造工艺、严格的检验标准和手段来保证机组的真空系统严密性；其次，运行时通过高效引射器、自动抽真空系统将机组内部产生的不凝气体及时抽出，以始终维持机组有较高的真空度；最后，在机组结构设计上采用了特殊滴淋形式等，以减缓和避免系统堵塞问题的发生。本设备使用专利的滴淋装置，采用内外套管的结构，内管和外管均为不锈钢材质，内管、外管形成嵌套结构，使溶液分配均匀，杂质无法形成堵塞。

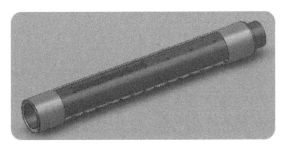

图 2　专利滴淋装置

热泵机组在运行时可无人值守、自动调节，故障率很低。为保证热泵机组自身的可靠性，对热泵换热管的材料和厚壁进行了慎重的选择和计算，对机组的结构强度进行了有限元分析和严格的强度试验。热泵系统属于生产企业工艺系统的附属设施，在其遇到突发状况需要保护时，会优先保证生产工艺主系统设备的安全运行，之后再对热泵机组进行保护操作。热泵机组的应用不影响原生产工艺主系统的正常运行，并且在其遇到故障时可以快速切换至原生产工艺系统。

热泵机组建立了一套实时远程监视系统，在线监视机组的运行状态。售后服务人员可通过手机或电脑对每台热泵机组进行远程检测、分析、预警，机组发生故障时可及时发现并到达现场处理，避免因故障处理不当而造成严重的安全事故。

3.4 技术先进性及指标

由于余热利用受到热用户负荷和区域条件等限制，目前有大量的生产工艺废热无法利用而被迫排放。北京华源泰盟研发的新型热泵技术可应用于升温型工业余热利用领域，其以第二类吸收式热泵为主体，以废热来驱动系统，吸收过程中放出的吸收热（热量接近潜热）使一部分低品位热能的温度提高，送至用户使用，而另一部分转换成更低温度的热量排放到环境中，整个过程中无污染排放。由于不需要耗费高温热源便可回收工业废热，使部分废热提升品质后回用到生产工艺系统中温度等级对应的工序。这使它在很多行业的节能工作中拥有特殊的优势。

第二类吸收式热泵有更深入进行热能梯级利用的潜力，其可将中温废热进行分级转换，高温热回到生产工艺，减少用户的能量消耗。从节能降碳要求和节能技术的发展来看，该技术有广阔的应用前景。

第二类吸收式热泵技术利用废热源作为驱动热源，1份的废热热量可以产生 0.3 ~ 0.48 份温度 20 ~ 50℃的高温热量和 0.52 ~ 0.7 份温度 32 ~ 37℃的低温热量，仅回收利用废热产生高品质热即可使原生产工艺系统的能源效率大幅提升。

4 典型案例

4.1 案例概况

中海石油宁波大榭石化有限公司 30 万吨乙苯装置中的高温物料（140℃以上）需要用循环水通过换热器冷却，在物料冷却过程中产生大量温度约为120℃的热水。其中，循环苯塔 T104 塔 E133 换热器、E113 换热器、E130 换热器总量为 600t/h，温度约为 117.8℃。在原生产工艺中，该部分热量由于温度低于工艺供热的最低温度要求，同时也高于冷却工艺水的最高温度要求，只能通过工艺循环水降温后散热到空气中，造成大量余热被浪费。

采用新型热泵技术回收利用部分原排放的废热，使厂区进行生产供热所需的外购蒸汽量减少，蒸汽耗用成本大幅降低。

4.2　实施方案

该项目采用1台升温型热泵机组，以换热冷却乙苯装置中高温物料产生的热水作为驱动热源，产生 0.4MPa 左右的饱和蒸汽，用于厂区其他生产工艺。系统改造后的生产工艺流程和节能改造实施流程如图 3、图 4 所示。

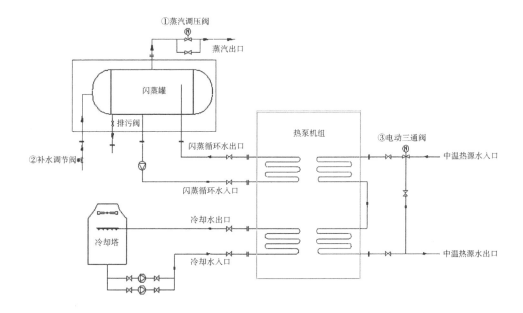

图 3　系统改造后的生产工艺流程

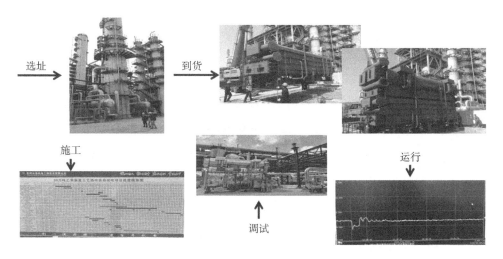

图4　节能改造实施流程

4.3　实施效果

项目实施后设备运转正常，运行参数达到了设计预期。经检测，高温物料冷却水平均流量为570t/h，在热泵机组入口温度为117℃，出口温度95℃，驱动热源输入总热量为14 581kW，产生0.369MPa（约140.7℃）的饱和蒸汽10.88t/h，制热量7 072kW，热转换利用效率达48%。

项目建设完成后年节省标煤8 600吨，减少二氧化碳排放2.3万吨，减少二氧化硫排放206吨，减少粉尘排放5 848吨，节能减排效果显著。

4.4　案例评价

2019年中海石油大榭石化引进华源泰盟与清华大学联合研发的升温型热泵技术，将生产工艺中的低温余热回收，并转换成高品位的能源，实现年产蒸汽9.14万吨，年节约标煤8 600吨，年经济效益达1 500万元，节能降碳效果显著。

技术单位介绍

北京华源泰盟节能设备有限公司是由冰轮环境技术股份有限公司控股的国家级高新技术企业，是国家专精特新"小巨人"、制造业单项冠军产品企业，拥有国家企业技术中心。公司以清华大学和中国科学院强大的科研实力为支撑，结合我国城市能源系统的特点，提出了一系列集中供热节能减排和天然气高效利用关键技术及解决方案，获得国家发明专利20余项，形成了6大系列专利技术，并在此基础上研发成功8大系列专利产品。公司主营业务有电厂余热回收、吸收式大温差供热、燃气／燃煤锅炉烟气余热深度回收、高浓有机废液回收处理、溴化锂制冷机，广泛应用于热电企业和城市大规模集中供热改造项目。

企业故事

在特殊时期和特殊环境下，公司员工克服了许多困难，使大榭石化乙苯装置工艺热水余热回收项目得以实施。该项目的成功为新技术的加快推广打下了坚实的基础。

设备于2019年6月到达甲方厂区，甲方工地位于海边，公司项目经理魏华介绍，人员从岛上住宅区到化工园区工地，每小时只有1班公交车，且公交车站离工地还有很长距离，每次往返要2个小时，穿戴劳保用品赶路异常艰苦。

项目完工后即将进入调试阶段，席卷全球的疫情突然出现，为了保障设备如期运行，公司项目经理带着调试人员在2020年2月抵达用户所在地，经过半个月的封闭隔离后顺利进场调试，最终向用户交付了满意的答卷。

2020年3月，中海石油宁波大榭石化装置工艺热水余热回收项目竣工投入运行。鉴定结果表明，项目在高效性、稳定性以及实时远程监控的智能化方面都经受住了各种工况的检验，特别是余热的高效回收、高值利用，且不会产生污染物排放等，让相关企业彻底解除了疑虑。南京金陵石化、中原石化等企业的热水余热回收项目陆续启动，并顺利投入运行，由于运行情况和节能减排指标良好，又拉动了其他化工企业及钢铁、石油、纺织、造纸等企业的应用。

2019 年大榭石化开展节能降耗攻关，大胆创新引进北京华源泰盟热泵技术，实现了中温热水余热产汽优化利用。自 2019 年 9 月投产后，机组运行安全稳定，自动化程度高，操作简单，故障率低，维修成本低，超额完成了装置的节能贡献。

北京华源泰盟实施的"大榭石化 30 万吨／年乙苯余热回收项目"，采用第二类热泵技术，将生产工艺中的低温余热回收转换成高品位的能源，使废热得以充分利用。该技术扩大了低温余热的应用范围，成熟可靠，通用性强，节能效果显著，社会效益明显，具有很高的推广价值。

山西盂县上社煤矿低浓度瓦斯内燃机发电项目

1 案例名称

山西盂县上社煤矿低浓度瓦斯内燃机发电项目

2 技术单位

湖南省力宇燃气动力有限公司

3 技术简介

3.1 应用领域

湖南省力宇燃气动力有限公司的内燃机发电机组主要应用于电力能源领域，特别适用于甲烷浓度 7% ~ 30% 的低浓瓦斯气体发电。

3.2 技术原理

该技术以 7% ~ 30% 低浓瓦斯气体为燃料，采用公司的专利技术将低浓瓦斯气体与空气进行充分的预混合，并根据工况与低浓瓦斯气体的组分、压力及温度变化实时为往复式活塞内燃机提供高质量的可燃混合气，可燃混合气经增压、中冷后，进入往复式活塞内燃机的燃烧室内，进行快速充分的燃烧，产生的高温高压燃烧气体迅速膨胀，推动往复式活塞内燃机的活塞经连杆曲轴传递带动发电机发电，对外输送电力。

同时，该技术还采用了国际领先的余热利用技术。研发设计专有的往复式活塞内燃机两级中冷系统，将冷却液与发动机排气中的余热通过热交换器依序进行回收，充分利用了往复式活塞内燃机的高品位余热，可进行发电、制冷或供暖，实现余热的梯级利用。该技术原理示意图、工艺流程图、产品结构示意图见图1至图3。

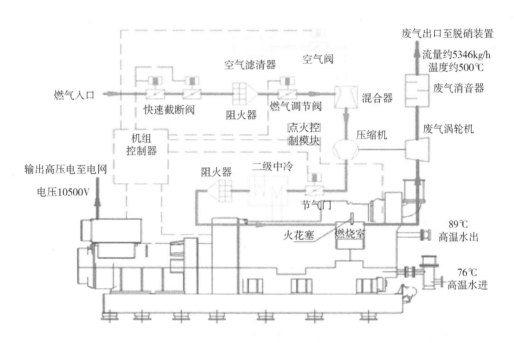

图1　LY1200GH-WL低浓瓦斯发电机组技术原理示意

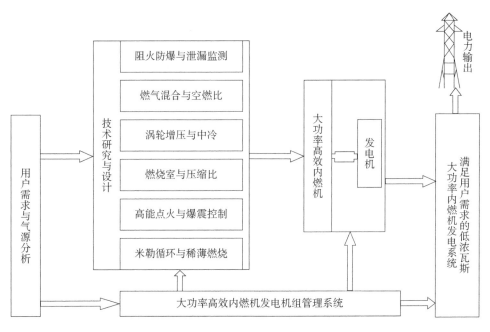

图2　LY1200GH-WL产品技术工艺流程

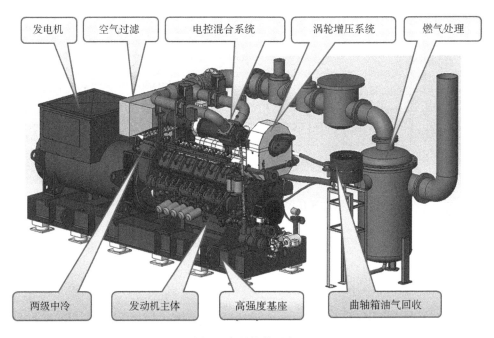

图3　产品结构示意

3.3　关键技术及创新点

本案例关键技术包括低压损高效燃气混合技术、数字高能点火技术和空燃比实时精确控制技术。

（1）低压损高效燃气混合技术。该技术采用扇瓣形结构设计，减少了混合过程中的湍流损失，提高了气体流通效率与混合动能。控制系统按优化计算的混合比例精确控制燃气的供给，利用其流动扩散作用可使低浓瓦斯与空气进行充分混合，从而同时确保了低浓瓦斯与空气的均匀混合和进气充量，实现了内燃机缸内均质稀薄燃烧，提高了低浓瓦斯与空气混合的燃烧效率，提升了发动机的工作稳定性。

（2）数字高能点火技术。点火能量是影响内燃机缸内混合气燃烧性能的重要因素，采用数字高能点火技术，根据内燃机具体工况，提供适合点火能量，控制缸内燃烧过程，实现缸内均质低温燃烧，在保证燃烧稳定和高效燃尽的同时，控制缸内燃烧温度，抑制有害废气氮氧化合物（NO_x）的产生，从而达到降低燃气消耗和改善排放的目的。

（3）空燃比实时精确控制技术。通过采用前馈控制策略与算法，提高空燃比的实时控制精度，最大限度消除由于外部环境变化与低浓瓦斯或供气压力波动引起的内燃缸内燃烧波动，从而有效改善发动机的可靠稳定性、经济性、动力性和尾气排放。

本项目通过研发创新，形成了一系列拥有自主知识产权的技术，包括发明专利 10 项、实用新型专利 10 项。其技术创新点主要包括以下三点。

（1）掌握了低浓瓦斯大功率内燃机快速高效燃烧系统及其发电机组控制系统设计相关核心技术，成功研发 LY1200GH-WL 低浓瓦斯发电机组，成功应用在盂县上社煤矿电厂等多个利用低浓瓦斯发电的项目上，运行最大功率达到 1 000kW，单机持续功率超过 950kW，发电效率超过 39.1%。

（2）研发设计了一种低压阻燃气与空气均匀混合装置，形成了混合均匀的可燃混合气，确保了混合气在内燃机燃烧室内的充分燃烧。获得了"混合器及燃气发动机""燃气阀及燃气发动机"等多项专利。

（3）自主研发设计了实时前馈空燃比控制系统。该系统实现了燃料气体与空气混合比例的实时精确控制，从而解决了低浓瓦斯大功率内燃机排气温度高、工作不稳定等难题，提高了工作稳定性与可靠性，降低了有害气体 NO_X 排放。获得了"发电机组控制系统及发电系统""一种空燃比控制装置"等多项专利。

3.4 技术先进性及指标

（1）发电效率高于国内外同类技术。目前，国外机组产品还没有低浓瓦斯气体的应用。相比国内内燃机发电机组 33% ~ 36% 的发电效率，力宇燃气动力有限公司产品发电效率达到 39.1%，提高了燃气利用率 3.1% ~ 6.1%。

（2）升功率高，强化系数大。该技术产品采用高增压比深度中冷与米勒循环稀薄燃烧技术以及自主创新研发的前馈空燃比实时精确控制技术，提高了低浓瓦斯发动机的强化系数，升功率达到 18.8kW/L，将排气温度控制到了 500℃以下，也将 NO_X 排放降到 500mg/Nm³ 以下。

（3）润滑油消耗低，达到国际先进水平。相比国内燃气发动机普遍 0.8 ~ 1.0 g/kW·h 和国外燃气发动机一般在 0.2 ~ 0.5g/kW·h 的水平，力宇燃气动力有限公司研发生产的燃气发动机润滑油消耗为 0.3g/kW·h。

本技术产品的主要参数及与国内市场同类技术产品对比情况见表1。

表1 本技术产品与国内同类产品主要参数对比情况

序号	名称	单位	力宇	国内品牌1	国内品牌2
1	额定功率	kW	1 000	600	1 000
2	气缸数	—	12	12	16
3	缸径	mm	170	190	190
4	行程	mm	195	210	210
5	排量	L	53.1	71.4	95.3

续表

序号	名称	单位	力宇	国内品牌1	国内品牌2
6	转速	r/min	1 500	1 000	1 000
7	升功率	kW/L	18.8	8.4	10.5
8	发电效率	%	39.1	33	36
9	燃气消耗率	MJ/kW·h	9.2	10.9	10.0
10	排气温度	℃	500	550	600
10	频率	Hz	50	50	50
11	电压	V	10 500	10 500	10 500
12	机油消耗率	g/kW·h	0.3	0.85	1.0

4 典型案例

4.1 案例概况

山西盂县上社煤矿低浓度瓦斯内燃机发电项目，总体设计规模为45MW，年利用瓦斯发电可达3.24亿度，总投资约3.778亿元。一期选用湖南省力宇燃气动力有限公司1MW发电机组30台，于2018年9月正式投入运营。该项目充分利用上社煤矿与上社二景的抽采浓度为7%～30%的低浓瓦斯进行发电，其余热为上社煤矿及周边提供冬季供暖。项目年消纳瓦斯7 400万 Nm^3，节约标煤90万吨，减排二氧化碳24.9万吨。

4.2 实施方案

根据现场厂房的布置空间，以及业主后续对气量的增加情况，项目总装机容量为30MW，选用力宇LY1200瓦斯发电机组，项目以一期30×LY1200厂房式机组作为方案主体范围。本项目采用并网上网运行方式。

该方案使用燃气发电机组通过空气和瓦斯混合增压后，经进气管导入各气缸，点火燃烧做功，推动活塞移动，曲轴转动带动发电机发电，尾气通过排气消音器排放。缸套水配置一套板换，供电站及周边的采暖需求。技术方案实施过程为：首先，开展前期技术调研、现场考察；其次，技术方案论证，现场安装方案设计；再次，进行燃气发电机组的选型和生产、安装调试；最后，进行节能数据采集统计。

图 4　项目实施现场

4.3　实施效果

该项目对上社地区的发展大有裨益：一是减少了低浓瓦斯直接排放造成的环境污染和温室效应；二是电厂所产出的电量可直接创造可观的经济收益。本项目投产发电后，正常年份每年可发电 2.4 亿 kW·h，年供电量 2.28 亿 kW·h，上网电价执行 0.509 元 /kW·h（含税价）。本项目年销售收入达 11 605.2 万元。

项目还将余热用于供暖。项目按照 15 ∶ 1 为 30 台燃气发电机组配置两台套余热蒸汽锅炉，单台套锅炉利用发电机组排气余热生产 0.6MPa 饱和蒸汽 12t/h，排气温度通过热回收可降至 140℃以下。单台套机组回收热量近 600kW，排气余热利用效率高达 68.3% 以上，折合对外蒸汽供热量高达 16 800kW。项目同时在每台燃气发电机组上配置缸套水板换进行余热回收，对外供应卫生用水及采暖，单台套机组二次侧板换回收热量近 600kW，折合对外总供热量高达 18 000kW。项目按照 90W/m² 要求已为办公楼、综合楼、污水厂、生产区、生活区等 9 万 m^2 的建筑区域取暖。项目发电机组热电联产总效率达 85.4% 以上。

本项目建设使资源达到充分的综合利用，增加了就业机会，促进社会和谐发展，提高企业经济效益，具有较为突出的社会效益和经济效益。

图 5　产品实施现场

4.4　案例评价

大量的低浓瓦斯排放不仅浪费宝贵的能源，同时也加重了对全球温室效应的影响。加快低浓瓦斯气体的开发利用，可化害为利、变废为宝，对保障煤矿安全生产、增加清洁能源供应、减少温室气体排放具有重要意义。

山西盂县上社煤矿瓦斯发电项目以 7% ～ 30% 低浓瓦斯气体为燃料，对煤矿低浓瓦斯发电利用具有良好的示范作用。低浓瓦斯气体内燃机高效发电技术产品已经在山西盂县上社煤矿电厂、山西盂县固庄煤矿电厂等多个电厂成功应用，解决了原富余低浓瓦斯气体处理及排放的难题，同时将其尾气化学能转换为电能。这不仅减少了有害气体的排放，减少了温室效应，同时也提高了企业能源利用的经济性，达到节能减排的效果。

技术单位介绍

湖南省力宇燃气动力有限公司成立于2009年，致力于高端燃气发动机及发电机组的研发与制造，现有LY1200、LY1600和LY2000系列燃气发电机组产品，功率覆盖900～2000kW全线产品，广泛应用于天然气、瓦斯、生物质气、沼气、工业煤气和油田伴生气等发电领域。公司拥有50多项燃气发电行业科研成果与国家专利，是国家级高新技术企业和专精特新"小巨人"企业。

公司以燃气发动机研发制造及燃气开发利用的模式，为客户提供可燃气体发电系统集成解决方案，形成以发动机行业研发设计、销售服务、项目运营全产业链共同发展的业务模式。公司现有具备燃气发电机组研发实力的博士、硕士、本科等多层次人才团队，专业涵盖热能与动力工程、内燃机、机械设计及制造、电气工程及其自动化、技术检测等领域。力宇园区设有先进的精密机件加工、装配测试以及集装箱集成车间，配置现代化数控加工设备及国际顶尖的测试仪器，年生产能力可达1000台以上。

目前，公司投入商业运用及在建项目总计580余台机组，总装机容量超980MW，产品及服务遍布全国。每年向社会提供近78亿度绿色电力，减排二氧化碳630万吨、甲烷140万吨，创造节能减排效益约64亿元。预计至2028年，力宇可通过利用可燃气节能实现累计提供电力268.9亿度，可节约标煤830万吨，减排二氧化碳2170万吨、甲烷470万吨（按工信部2022年电力标煤折换系数310g/kW·h计算）。

企业故事

湖南省力宇燃气动力有限公司自2009年成立至今，一直致力于研发与制造全球先进的燃气发动机及提供燃气发电应用系统解决方案。尽管前行万般艰难，但他们从未停止对高性能、高稳定性和可持续性电力产品的研究与探索。经过

10 多年的奋斗，克服技术上的种种难关，力宇人凭借顽强的斗志与坚持不懈的精神，突破重重困难，成功攻克了空燃混合与空燃比调控技术、压缩比提升技术以及智能化控制程序等一系列技术难题。2015 年，力宇第一台 1MW 燃气内燃发电机组产品诞生，应用在燃用天然气的发电效率突破 41%，综合效率达 87% 以上，取得突破性成果，凭借高效、稳定、灵活、低排放和智能化的卓越性能与品质，实现中国燃气内燃机产品创新技术的惊世一跃。力宇燃气发电系统能源解决方案成功应用于天然气、高低浓瓦斯、餐厨和垃圾等发酵产气、污水沼气、生物质气、工业废气、油田伴生气等领域。

从自主品牌燃气发动机的研发与制造，到探索新能源电力系统解决方案，再到可燃气体开发利用；从最初致力于成为"中国最优秀的燃气发动机制造商"的科技兴国梦，到关注人与自然的和谐共生，积极加入"碳达峰、碳中和"的大军，力宇均走在了绿色能源发展行业前沿，同时也不断向世界展现中国创造的硬实力。

当前，发展清洁能源多能互补的智慧能源供应系统是我国能源供应和可持续发展的必由之路。能源变革乃大势所趋，力宇的目标是"成为中国最优秀的燃气发动机制造商，以及全球先进的燃气发电应用智慧系统解决方案的提供商"。作为燃气发电系统开发利用的领先者，力宇不畏挑战、勇于创新，践行使命担当，共建人类绿色健康的生态环境，引领绿色能源经济新未来。

国内传统的瓦斯内燃机发电机组的发电效率一般在 33% 左右，润滑油消耗为 0.8 ～ 1.0g/kW·h，而力宇机组发电效率可达 39.1% 以上，润滑油消耗低于 0.3g/kW·h。力宇机组大大提高了燃气利用效率，有效降低了机组运行维护成本。力宇机组的缸套水和高温尾气余热采用梯级利用技术，可优化用于制冷、发电和供暖，降低可用能损失，进一步提高瓦斯利用的综合效益。

山西盂县上社煤矿瓦斯发电项目以 7% ~ 30% 低浓瓦斯气体为燃料，对煤矿低浓度瓦斯发电利用具有良好的示范作用。利用瓦斯发电，解决了煤矿抽放瓦斯的排放问题，进而促进对瓦斯的抽采，从根源上防止瓦斯事故，保障井下生产安全。电厂建成投产后，为矿井提供双电源支撑点，极大提高了井下生产安全，形成良性循环。

上社电厂的建设，使煤炭生产产业链延长，煤炭资源达到充分的综合利用，增加了就业机会，促进社会和谐发展，实现企业经济效益和绿色可持续发展双赢的目标。

山西盂县上社煤矿低浓度瓦斯内燃机发电项目采用的力宇瓦斯发电机组，具有单机功率大、燃料适应强、发电效率高、润滑油消耗低、氮氧化物排放低等特点，与传统技术产品相比优势明显。本案例项目同时实现了节能、减排、降耗，具有良好的经济效益和社会效益。

广州地铁天河公园站智能环控系统与智慧运维云平台应用

1 案例名称

广州地铁天河公园站智能环控系统与智慧运维云平台应用

2 技术单位

上海美控智慧建筑有限公司、广东美的暖通设备有限公司、广东美控智慧建筑有限公司

3 技术简介

3.1 应用领域

近年来，"新基建"成为经济热词，万物互联的发展趋势带给"新基建"广阔的市场空间。其中，轨道交通作为城市的血脉，迎来高速发展。数据显示，在新基建领域中，目前中国内地轨道交通已开通运营超 8 000 千米，位居世界第一。地铁全行业年用电量将达 200 亿千瓦时，约相当于三峡水电站年发电量的五分之一。

城市轨道交通建设热火朝天的背后，我们无法回避的是能耗问题。我国地铁空调制冷机房能效普遍偏低，地铁通风空调能耗占总能耗的 50% 以上（不含

列车牵引能耗），制冷机房占通风能耗的 60% 以上。据不完全统计，华南地区多数制冷站全年能效低于 3.5，环控系统全年能效比为 2.0 ~ 2.5，环控设备缺乏有效的在线运维诊断和能效保持管理方法。伴随着大量设施、设备的修改扩建，耗能总数将持续提升，节能降耗、绿色发展成为当务之急。

3.2　技术原理

超高效智能环控系统与智慧运维云平台技术提出了"集成归一"化的环控系统设计方案，达到减少管路阻力、提高施工效率的效果；通过内置的节能控制算法，实现环控系统的节能化控制；通过智慧运维平台的数字化运维技术，实现智能故障诊断，提高运维效率。技术内容覆盖了项目的设计、运行、运维阶段，能够使项目空调系统长期处于高效稳定运行状态，并达到良好的节能效果。

通过超高效智能环控系统与智慧运维云平台实现节能的原理如下。

（1）融合空调、低压、控制集成归一的智能环控系统设计及建设。

①环控系统管网阻力优化设计。环控系统管网阻力优化设计首先需要根据工程现场实际建筑三维结构尺寸，对机房主要设备的摆放位置及机房内管道走向进行优化排布，使空间布局更加合理，设备检修更加方便，管路水流更加通畅，降低水系统输送能耗。将具有相同使用时间和相同负荷规律的末端用同一组管网进行连接，尽量减少不同管道之间的相互影响。由于水泵功率与扬程成正比关系，因此降低管网流动阻力是降低水输送动力消耗的有效途径，采取的主要措施有以下六条。

一是选择低阻力阀件。

过滤器：市场上供应的 Y 形水过滤器过滤面积小，阻力较大，压头损失一般为 1 ~ 3 米水柱。应优先选用水阻力小于 0.3 米的篮式过滤器。还可以选择直角式过滤器，安装在水泵入口，连接水平管道和竖向管道，节省一个弯头及其阻力损失。

止回阀：目前市场常用的蝶式止回阀阻力较大，一般为 1 ~ 2 米，应优先选用水阻力小于 0.3 米的静音式止回阀。

二是管网低阻力优化。通过将水泵进出水口高度与主机进出口置平，并水平对接，直进直出，可以减少管路弯头。如将水泵入口处弯头改为直角式过滤器，或者取消落地式分集水器，还可以减少弯头。机房内水管路应尽量设置顺水弯头，阻力可以降低 50%。

三是接管优化。通过将水泵进出水口高度与主机进出口置平，可以减少管路弯头，具体如图 1 所示，左边为一般常规接法，采用卧式端吸水泵，右边为立式或中开卧式水泵，将主机与水泵水平对接，直进直出，可以减少 3 个弯头。如将水泵入口处弯头改为直角式过滤器，则还可以减少 1 个弯头。

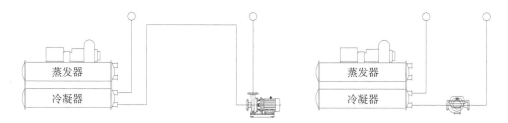

图 1　冷水机组与水泵优化接管方式

四是弯头、三通优化。应减少管路弯头，并尽量设置顺水弯头。优化后三通、弯头可分别减少 50% 的阻力损失。

五是分集水器优化。图 2 为落地安装分集水器，管道需下降后进入分集水器后再上升到管道标高，中间多了弯头及管道的阻力损失。

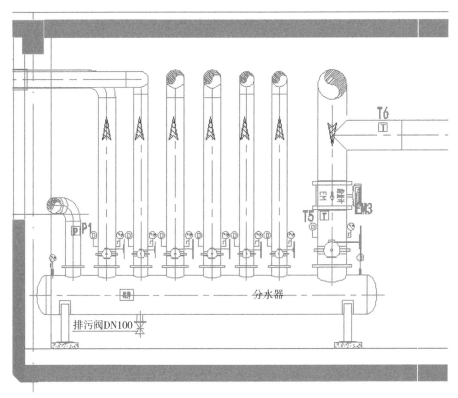

图 2　分集水器落地安装

在支路较少的小型项目中，可以使用总供回水管充当集分水器，以减少增加集分水器带来的阻力。优化后的管路模型见图 3。

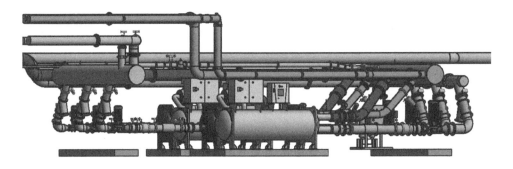

图 3　采用吊装分集水器的制冷机房管路优化模型

六是空调水系统仿真建模。在暖通空调系统的管路、设备网络中，各部分之间相互独立而又相互影响，它们各自的物理参数不能单独求解得到，需要对网络中的所有物理量进行联立求解。通过管网建模仿真软件，能够对较复杂的系统快速有效地建立精确的系统模型，并进行完备的分析。通过管道参数、阻力元件设定，主机、末端设备动态水阻曲线设定，在给定设计流量下，模拟该流量下的系统总压降，为水泵选型提供依据。在变流量工况下分别计算10% ~ 100%工况下的水泵扬程，并输出系统所有设备的模拟参数，包括流量、流速、压降等。

②建筑信息模型模块化装配设计与绿色建造。由于地铁工程受地下空间及施工环境的限制，施工图设计和现场施工有时严重脱节，导致所得非所想，使用效果偏离设计要求，采用现代建筑信息模型（Building Information Modeling, BIM）进行施工图深化设计，可实现所见即所得。其在装配式设计阶段将各种低流阻设计方案全部固化为三维设计图，特别是各类阀门及传感器的安装位置和规定尺寸，均明确在三维施工图中（施工阶段不允许更改），并采用标准模块化设计，将机房管路各模块进行工厂化加工、现场装配，确保现场安装的管路与设计方案完全一致，从而保证管路运行阻力与设计方案一致，为后期的调试和节能调节提供保障。

本项目采用BIM对制冷空调系统进行建模，在建造设计之初尽可能地减少管道的弯头和各项阻力，降低冷却水泵、冷冻水泵和末端风机的扬程与全压，从源头上降低水泵和风机的设计功率，从而大大降低输送能耗；同时采用BIM建模设计，各个管道和阀门可以在厂家进行组装，后期到现场进行模块化安装，大大缩短了安装施工工期，也保证了各个管道和阀门的可靠性，减少了由于现场焊接造成管道的局部损失，在一定程度上降低了水泵和风机的能耗。BIM技术的应用，使现场施工装配时间由原来的20天缩短到48小时，大大提高了现场的施工效率。采用BIM建模设计的制冷机组布置如图4所示。

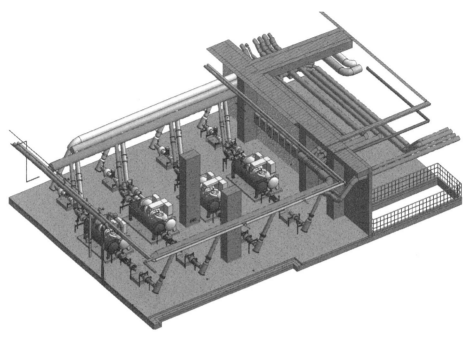

图 4　制冷机房 BIM 模型

（2）智能环控系统节能控制技术。

①冷水机组负荷优化分配群控方法。冷水机组满负荷运行时间一般不超过10%，其能效随着负荷的变化而变化，并在某一负荷率下具有最佳效率。不同运行工况下主机最佳性能曲线见图5。在多台机组并联运行时，可根据当前负荷情况和冷水机组的能效曲线，结合空调系统冷负荷实际需求量、变化趋势，以冷水机组整体 COP 值最优为优化目标，采用遗传算法（GA）实时优化主机的启停台数和负荷率。优化原理见图6。优化结果可通过网关接口修改主机的负荷输出。

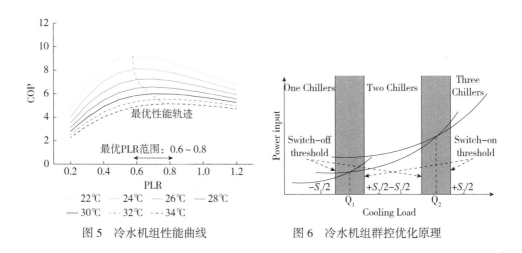

图 5　冷水机组性能曲线　　　　　图 6　冷水机组群控优化原理

图 7 为传统群控方法和负荷优化分配群控方法的机组能耗与 COP 对比。可以看出，采用负荷优化分配控制方法机组在不同空调负荷下，机组整体能耗降低，COP 有明显提高，平均能耗减少 6.4%，平均 COP 提升 7.2%。这说明基于负荷优化分配的冷水机组群控方法可以有效提升机组的运行效率，从而降低环控系统能耗。

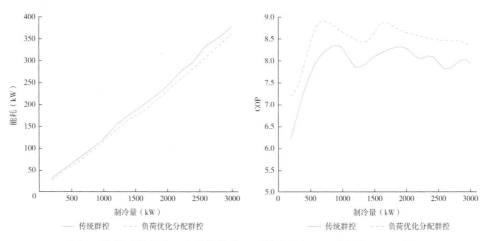

图 7　传统群控方法和负荷优化分配群控方法的机组能耗与 COP 对比

②全局能量平衡控制技术。智能环控系统通过负荷预测算法预测空调末端的实时冷负荷，计算当前空调末端所需的冷冻水量，并将预测冷冻水流量值传

输给止回阀。通过比较实际流量与预测流量之差自动调节阀门的开度，空调系统的所有末端设备均能达到最佳流量。根据水泵特性建立模型（流量、扬程、功率和频率关系）和水系统特性建立水泵控制模型。同时，冷冻水泵根据末端流量的变化自动调节运行频率，实现对冷冻水系统的全局能量平衡控制。通过全局能量平衡控制，在部分负荷状态下每个末端设备也能按需输配到最佳流量。输配系统的动力水泵以最小工作压差实现最优运行，可以降低能耗。采用上述模型后，可以实时根据系统水路工况的变化，自适应地调整水泵频率，达到无须管路增加传感器就可实现变频控制的目的，在满足末端流量需求的同时降低泵功耗。全局能量平衡控制原理如图8所示。

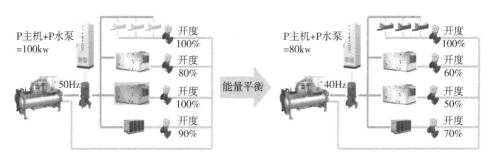

图 8　全局能量平衡控制原理

　　③冷却水系统在线进化寻优控制技术。在一定的温度范围内，冷却水温度的变化对冷水机组能耗的影响与对冷却水泵和冷却塔风机能耗的影响正好相反。因此，只有将冷水机组能耗、冷却水泵能耗、冷却塔风机能耗三者统一考虑，在每种负荷条件、环境参数及蒸发侧温度下找到一个能保持冷却系统效率最高所对应的冷却水回水温度、供回水温差设定值组合，才能实现主机、冷却塔、冷却风机的整体节能，即冷量高效制取。

　　可采用粒子群算法求解冷却水系统多目标寻优函数，具体如下：

N=N1+N2+N3=f(tc,Q,ts)

　　式中，N 为运行的制冷机组功率 N1、冷却水泵功率 N2、冷却塔风机功率

N3 之和，单位为 kW；tc 为冷却塔出水温度，单位为℃；Q 为环控系统负荷值，单位为 kW；ts 为室外湿球温度，单位为℃。

粒子群算法的优化结果如图 9 所示，其为某一特定工况下，冷却水系统总功耗的迭代寻优过程。在算法开始迭代之前，粒子群中的粒子随机分布于解空间之内，随着迭代的进行，粒子集合逐渐逼近最优解范围，同时粒子个数随着局部密集程度的提高逐渐减少，最后只剩下少数粒子集中在最优解范围附近，最终输出一组使得冷却水系统整体能耗最低的设定参数组合（冷却塔回水温度、供回水温差设定值）。

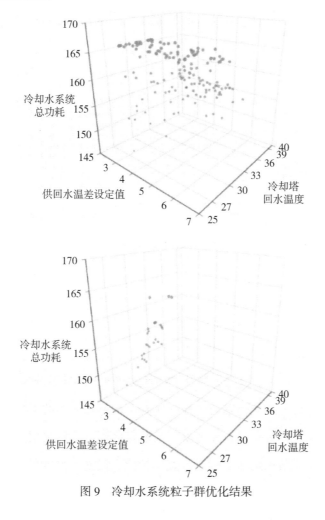

图 9　冷却水系统粒子群优化结果

④风—水协调控制技术。空调系统的最终目标在于以室内温度为控制对象的室内冷量需求，而其源在冷水机组的冷量供应。从系统末端向中心共有6个调节点：送风机、回排风机、止回阀、冷冻泵、冷水机组、冷却泵和冷却塔。每个调节点的控制环环相扣，将整个系统有机地整合在一起。在传统空调控制技术下，空调水阀控制和空调风量控制相互独立，空调末端控制和冷水机房控制相互独立，不能很好地将冷量供应与冷量需求相匹配，控制存在滞后性，不利于系统的节能。风—水协调节能控制技术消除了空调控制的孤岛，根据算法计算结果判断优先调风量还是优先调水量，并同步调节冷源系统的冷冻泵流量及冷水机组的负荷，降低了系统的综合能耗，减小了系统的波动。风水联动控制策略见图10。

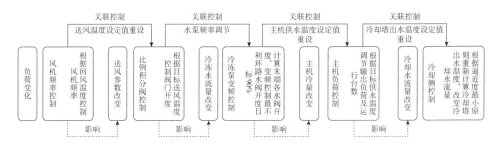

图10　风水联动控制策略

上述节能控制技术可使环控系统运行能耗降低30%以上，运行费用降低35%以上，机房能效达到6.0以上。

（3）智慧运维云平台。

智慧运维云平台为轨道交通提供了一站式超高效环控系统解决方案和服务，可对环控系统进行全方位管理与监控，实现全域感知数据的可视化，并采用大数据方法对系统运行数据进行深度挖掘，节省使用与管理费用。其搭载节能诊断模块，能基于诊断规则和实时运行效率指标，根据冷水机组、冷冻泵、冷却泵、冷却塔、空调末端等设备的运行数据进行实时诊断，给出诊断图形和诊断建议，供现场运行人员有针对性地调整运行策略和设备参数设置，实现全生命周期的运维管理。通过应用更加全面与及时的故障分析和报警系统，可以为用户提供更加稳定的使用体验。智慧运维云平台主要包括集成互联、AI节能分析、能效提升管理、用户舒适控制、GIS+CIM数字孪生、区块链能效报告六大功能，可以有效为用户创造价值。这已得到工程的实施验证。云平台功能界面如图11所示。

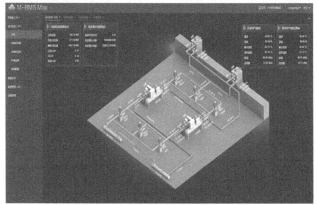

图11 智慧运维云平台

智能环控系统的态势管理研究采用基于数据驱动的方法，根据云端采集的系统历史运行数据，分析识别数据间的潜在关系与模式，据此建立多维态势诊断模型，实现对系统运行状态与性能趋势的在线诊断。诊断模型还会随时间的推移不断地进行深度自学习，能追踪反映设备的真实运行状态和健康水平，有效提高故障诊断的效率。

如在冷水机组态势诊断中，智慧运维平台通过实时采集冷水机组内部制冷剂运行数据，并使用基于最小二乘性能模型的冷水机组在线诊断算法，对冷水机组内部故障（冷凝器结垢、蒸发器结垢、制冷剂泄漏、压缩机多变效率降低、压缩机电机效率降低）进行排查。冷水机组的态势诊断指标如下：

COP 误差率 =（实际 COP− 预测 COP）/ 预测 COP × 100%

COP 合格率 = 主机达标运行时间 / 主机有效运行时间 × 100%

其中，当 COP 误差率在 ±8% 范围内，则判定 COP 达标；COP 合格率大于 60%，表明冷水机组运行能效处于正常水平。

云能效智慧运维平台根据设置的诊断周期，持续跟踪诊断冷水机组的运行能效。当在诊断周期内冷水机组的累计 COP 合格率低于达标阈值时，则云平台向运维部门发出冷水机组低能效报警信号，并推送维修工单，提醒运维人员冷水机组的运行能效不合格，需要设备厂家对冷水机组现场检查维修。

3.3 关键技术及创新点

超高效智能环控系统和智慧运维云平台关键技术的创新点有以下几点。

（1）通过融合空调、低压配电、控制集成归一的智能环控系统设计及建设模式，最终形成一套拉通设计、供货、施工、调试、运维和认证的全生命周期一站式超高效智能环控系统解决方案。

美的全工况高效变频直驱
降膜离心机组
双一级能效、低阻力

大温差宽片距低风
阻高效组空
低水阻风阻

变流量变风量高效水塔
高效率、低逼近度、低水耗

水处理
除垢、灭藻

美的超高效智能环控系统
风水联动，自适应节能控制算法

胶球清洗
自动处理软垢，保证主机高效

美的多智能体节能控制柜
强弱电一体

全流量高效水泵
高效水泵，变频控制

低阻止回阀
实现低阻力一对一控制

低阻管网
阀门、管件优化

直角弯头过滤器
实现过滤排污低阻化

智慧一体阀
水力平衡，管网全面
可视化

高精度热量表
能效全面可视化，保证
系统平衡率检测

图 12　集成归一的智能环控系统设计及建设模式

（2）研发出多智能体自适应节能控制技术，实现冷水机组"台数＋转速＋导叶开度"负荷精准适配控制、全局能量平衡控制及基于在线动态寻优的风—水协调控制，解决了轨道交通车站冷量供给与需求不匹配、控制过程滞后波动的行业难题，使环控系统运行能耗降低 30% 以上、运行费用降低 35% 以上。

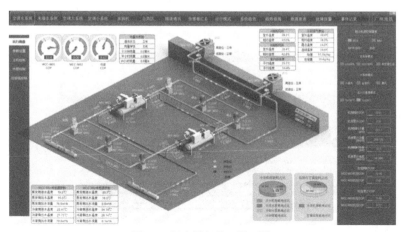

图 13　超高效智能环控系统

（3）将数字孪生技术应用于轨道交通环控系统。自主研发智慧运维云平台，基于大数据分析建立云端环控系统多维态势诊断模型，实现了系统 AI 在线诊断与故障预测，使环控系统故障检测率提升 30%，减少故障维修时间 50% 以上，护航系统全生命周期健康高效运行。

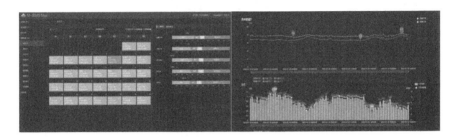

图 14　智慧运维云平台

3.4　技术先进性及指标

在空调机房能效的标准体系方面，以美国为例，根据美国采暖、制冷与空调工程师学会（ASHRAE）提出的标准，空调机房的整体能耗水平指标为：空调机房全年综合能效在 0.85kW/RT 以下（即机房整体 COP>4.14 kW/kW）的机房统称为高能效机房。

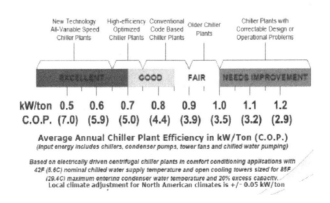

图 15　ASHRAE 空调机房能效标准

本项目超高效智能环控及运维系统在广州地铁车站示范应用的能效水平与国内外制冷机房、环控系统的能效对比如表 2 所示。

表2 国内外制冷机房、环控系统能效指标对比

机房能效比	环控系统能效比	说　明
3.0	2.0	目目前国内机房、环控系统能效水平
4.4	无	中国公共建筑节能设计标准
5.0	无	ASHRAE 能效指引 / 广东省一级能效机房标准
6.3	4.55	本项目超高效智能环控及运维系统在广州地铁车站示范应用效果，目前为行业顶尖水平

广州地铁的示范项目天河公园站通过应用城市轨道交通智能环控系统，经国家级权威检测机构对全年实际运行数据检测验证表明：冷水机组全年能效比达到 7.77，机房全年能效比达到 6.30，环控空调系统全年能效比达到 4.55。研究成果于 2021 年 1 月 5 日通过由中国工程院院士及领域内多名专家组成的科技评估委员会评估，一致认为：科研项目创新成果突出，总体达到国际领先水平，同意通过评估，建议推广应用。

4　典型案例

4.1　案例概况

天河公园站是广州地铁 11 号线、13 号线和 21 号线的换乘车站。车站总建筑面积达 8 万平方米，设计客流量 18 万人 / 时，是目前广州地铁已建或在建车站中规模最大的地铁站，也是亚洲最大的地铁站。

4.2　实施方案

天河公园站采用三线共享冷源系统，冷水机房设置在 21 号线冷水机房内。集中冷源系统设置了 4 台高效变频直驱离心式冷水机组、4 台变频冷冻水泵、4

台变频冷却水泵和4台冷却塔，负责21、11、13号线二期供冷。21号线与11号线共享大系统设备，小系统设备、隧道通风系统设备均分设。末端服务区域主要采用全空气空调系统，配置了6台组合式空调机组和9台柜式空调器。中央空调系统从冷源到末端进行了整体系统优化。针对冷源设备，制冷机组采用美的高效变频直驱降膜离心机，实现全负荷段高效变频供冷；蒸发器采用三流程设计，适用于本项目的大温差小流量工况；冷凝器加装端盖在线清洗装置，保证长期高效换热；冷冻水泵、冷却水泵采用变频调节运行；冷却塔并联运行，充分利用散热面积降低冷却塔出水温度。针对输配系统，空调冷冻水供回水温度设计为7 ~ 14℃，采用大温差、低流量设计，降低冷冻水输配系统能耗；对制冷机房内管路连接形式进行了优化，通过加大管径、采用低阻力阀件等降低管路的阻力损失；末端采用美的大温差低阻力组合式空调器、空调箱及风机盘，充分利用换热面积被动式节能。

系统每台冷水机组主机的冷冻、冷却管上都设置了一个热量表，用于监测每台主机的进出水温度、流量分配及运行效率，为控制每台主机运行在高效状态点提供数据支撑。大系统空调器支管都设置了止回阀，保证在监测水温和流量的同时实现各支路流量的自适应调节。冷却塔围栏上布置了温湿度传感器，用于检测室外的气象条件，确定冷却塔的控制参数。冷却塔的出水管设置温度传感器，在降低冷却塔出水温度的同时，合理控制冷却塔风机的频率。

图16 天河公园地铁站高效机房　　　图17 天河公园站高效冷水主机

中央空调自控采用美的超高效智能环控系统，该系统使用 AIE+E（能效 + 环境）优化算法，通过智能控温、智能启停、智能控载、智能寻优及智能联动，实现系统全自动优化运行。在超高效智能环控系统中，部署了风水联动控制技术，可根据系统运行状态自适应调节风机频率、水阀开度、水泵频率、系统供水温度等参数，实现对整个空调系统的自动寻优调节，使系统始终处于高效节能的运行状态。

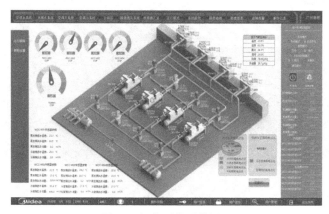

图 18　智能环控系统界面

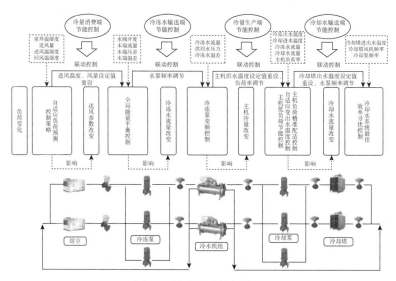

图 19　风水联动控制算法

同时，该项目设置了云能效管理平台，通过云端大数据接入，实时上传运行数据，使用大数据挖掘算法实现能效评估、系统诊断等功能，能够实时了解当前系统运行能效。能够保障工程项目高效运行。

图 20　智慧运维云平台数据监控

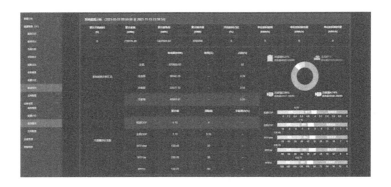

图 21　智慧运维云平台能效管理

4.3　实施效果

2020 年，国家级第三方检测机构对天河公园站系统能效进行全年统计：空调冷源系统与环控系统的能效比分别为 6.30 和 4.55，远优于广东省《集中空调制冷机房系统能效监测及评价标准》（DBJ/T15-129-2017）中一级能效 5.0 标准。天河公园站在 2021 年全年空调冷源系统实际耗电量 77.09 万 kW·h，常规环控系统（空调冷源系统全年能效比按 3.0 计算）全年耗电量为 158.90 万 kW·h。对比可知，天河公园站空调冷源系统节能率为 51.5%，全年总节能量 81.81 万 kW·h，等效节约标煤 320.70tce，等效降低 CO_2 排放 785.38t。

4.4 案例评价

天河公园站超一体化的建设模式，缩短了项目施工周期，提高了机房建设效率；高效节能的自适应优化算法使天河公园站空调系统能够长期处于最优的运行状态；智慧运维平台给空调系统后期运维和故障检测带来了较高的效率提升，保障了空调系统能够长期高效运行。超高效智能环控系统与智慧运维平台技术的应用，使得天河公园站空调系统能效与常规站相比有了极大提升。

应用超高效智能环控系统与智慧运维平台技术的超高效制冷机房系统及空调系统能效水平比行业常规水平提升 50% 以上，提前十年达到《绿色高效制冷行动方案》中要求的能效指标要求。目前，该技术已经在广州地铁在建 160 多个车站推广应用，也已在深圳、苏州、宁波、福州、徐州、佛山、郑州等其他城市地铁推广应用，带动了整个行业的技术进步，助力轨道交通行业"碳达峰、碳中和"目标的早日实现，对加快轨道交通行业节能减排以及绿色轨道交通建设具有重要意义。此外，高效环控系统关键技术也适用于其他行业建筑工程项目，在全国各地和各行业建立了大量的样板工程，为商业综合体、工业建筑、数据中心、医药行业等提供系统节能解决方案，取得了良好的节能效果。

★技术单位介绍★

美的集团是一家集消费电器、暖通空调与自动化系统智能供应链（物流）于一体的科技集团，在世界范围内拥有约 200 家子公司、60 多个海外分支机构及 12 个战略业务单位。近年来，美的集团连续多次入围《财富》世界 500 强，且排名在不断升高，2022 年排名跃居至第 245 位。

上海美控智慧建筑有限公司：

依托美的集团在全球的研发、制造、服务能力，上海美控智慧建筑有限公司持续在智慧建筑领域进行创新和实践，提供从控制器、楼宇自控系统到智能化设计施工及数字化解决方案等全生命周期服务。利用 IT（通信、信息技术、人工智能）和 OT（楼宇自动化、物联网、建筑运维等），并结合中国建筑运营的真实情况，自主研发核心硬件、软件、算法，深耕商业、医疗、交通、数据中心等行业，打造"智慧建筑"新的设计、建设与运维模式，实现全生命周期内的最佳效率，让建筑变成可感知、有温度的"生命体"。

广东美的暖通设备有限公司：

美的集团中央空调事业部在 2005 年 9 月成立广东美的暖通设备有限公司，注册资本为人民币 5 亿元，经营范围主要为中央空调、采暖设备、通风设备、新风设备、热泵热水机、空调热水一体产品等业务。该公司是美的集团旗下集研发、生产、销售及工程设计安装、售后服务于一体的大型专业中央空调制造企业。目前美的中央空调共有 12 大产品品类，共上千款产品型号，其中包括多联机、大型冷水机组、空气源热泵、空气能热水机、单元机、恒温恒湿精密空调、燃气采暖热水炉、照明等全系列产品，远销海内外 200 多个国家和地区，是国内规模最大、产品线最宽、产品系列最齐全的暖通行业生产厂家之一。

广东美控智慧建筑有限公司：

广东美的暖通设备有限公司旗下智慧建筑有限公司是一家综合解决方案提供商，业务涵盖先进的智能环控系统、智能化弱电系统、高效机房和楼宇自控系统等，拥有从研发、设计、生产、销售、施工、售后以及运维的全链条式服务能力，为客户提供完整的高质量全周期的服务。自主研发的超高效智能环控系统已成功应用于全国各地的轨道交通车站，为全国建设智慧地铁、绿色车站提供全套解决方案。

　　超高效智能环控及智慧运维系统的落地应用，将云计算、人工智能等新兴技术与轨道交通运营深度融合，促进轨道交通环控系统的技术创新和技术发展，推动轨道交通建设与运营提质、降本、增效，契合可持续发展原则，形成了可复制、可推广、有特色、有亮点的建设与运营模式，以点带面推动产业改革实现新突破。该技术已作为广州地铁集团企业技术标准，被广泛应用于各条地铁线路。

　　广东美的暖通设备有限公司、上海美控智慧建筑有限公司和广东美控智慧建筑有限公司对超高效智能环控及智慧运维系统的技术研发，获得了发明专利12项、实用新型专利4项、软件著作权11项，发表核心期刊论文4篇，出版著作1部，发布行业标准1项；同时获得了"蓝天杯"高效机房（能源站）优秀工程卓越节能技术奖、卓越节能产品奖、佛山市高新技术进步奖、广东省土木建筑学会科学技术奖等诸多荣誉。

　　在绿色、健康、安全、节能的智慧城市成为新趋势的当下，美的集团也启动了全面数字化、智能化的新一轮转型升级核心战略，在这一背景下，美的楼宇科技持续加大研发投入，真正做到了以科技化、数字化和智能化适应并引领需求趋势。凭借数十年来在技术、经验方面的积累沉淀，美的楼宇科技能为包括广州地铁在内的城市轨道交通业主提供最优的暖通解决方案，跨界合作擦出的火花令人惊喜。

　　在广州的"小试牛刀"只是开始，美的楼宇科技对于新技术的应用落地有着更大的决心。美的楼宇科技的目标宏大又广阔，希望将钢筋水泥的冰冷楼宇建筑赋予活力与智慧，让人类在舒适、健康、绿色的环境中享受每一天的工作和生活，感受城市所给予的美好。无论是为中国海盐博物馆、巴黎卢浮宫、阿布扎比的卢浮宫、马德里MAC等多家博物馆、艺术机构提供个性化解决方案，还是助力广州地铁实现绿色升级，都可以看出美的楼宇科技在让人们感受到科技力量带来的新体验方面的不遗余力。

我国经济正在进入关键发展阶段，一系列新的趋势、新的赛道正在形成，时代需要更多的广州地铁、美的楼宇科技，携手进行更多、更广、更深的跨界合作。因为唯有如此，中国才能更好地融入全球化过程中，通过引领区域经济发展来推动未来全球化拾级而上。

城市发展，交通先行。当前在国家政策的引导和支持下，绿色轨道交通建设已经蔚然成势。而超高效智能环控系统与智慧运维云平台的落地应用，将互联网、人工智能等新兴技术与轨道交通运营实景深度融合，推进轨道交通建设与运营提质、降本、增效，无疑契合可持续发展原则，形成了可复制、可推广、有特色、有亮点的"广铁模式"，以点带面推动产业改革实现新突破。

从广州到大湾区再到全国，高效机房以及高效环控系统技术的经验复制之路已开启，除天河公园站、苏元站外，相关关键技术成果也已转化为广州地铁"十三五"线网160多个车站的设计标准。在深圳，地铁四期工程12号线、13号线、14号线、16号线等共94个车站也将采用该建设模式，宁波、苏州等城市也有望在新一轮线网建设中参照"广铁模式"建设高效机房。经测算，建成后可节约费用22 657万元/年，减少二氧化碳排放26.4万吨/年，带动了整个行业的技术进步。

当前，我国的"低碳"节能减排已是大势所趋，通过超高效智能环控系统与智慧运维云平台的不断推广应用，有效提高建筑能源利用效率、控制温室气体排放、保护生态环境，助力国家实现"2030年前碳达峰，2060年前碳中和"的绿色发展目标。

高效智能环控系统与智慧运维云平台在广州地铁车站得到成功应用，较好地解决了供冷量与需求不匹配产生的控制滞后问题，可有效提升制冷机房的系统能效，降低能耗与运维成本，对促进行业的技术进步具有示范作用。

上海迪士尼旅游度假区二期项目
LED 路灯能效提升工程

1 案例名称

上海迪士尼旅游度假区二期项目 LED 路灯能效提升工程

2 技术单位

上海易永光电科技有限公司

3 技术简介

3.1 应用领域

城市道路、园区、隧道、机场、码头等。

3.2 技术原理

（1）应用技术原理。利用光反射原理，通过导光模块对出光面进行干预，降低光通视率，提高目标区域光强，从而达到"相同功率条件下增大光强、相同照度前提下降低功率"的应用效果，同时也能够减少逸散光对夜空形成的光污染。

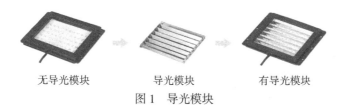

图 1　导光模块

（2）工艺流程。上海迪士尼国际旅游度假区对不舒适眩光可能带来的次生影响极为重视，因此，在项目实施之前选取相近路段，根据照度计算书进行模拟测试。实验段施工调试完成后，由权威第三方进行现场测试，测试结果达到指标要求。工程项目正式实施后与测试所呈现效果一致。

3.3　关键技术及创新点

单颗 LED 灯珠无法单独成为光源，需施焊在铝基板（线路板）且依矩阵式排列后组成光源。根据这一光源特性，通过导光模块对发光面进行干预，将无效光通量转化为有效光强，从而降低功率密度、提升光效、减少溢散光。

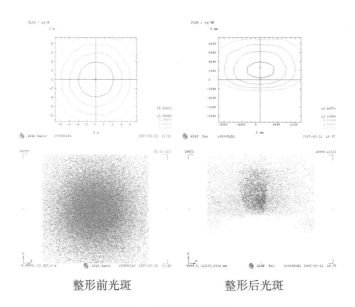

图 2　导光控光的效果

上海易永光电科技有限公司在成立之初即瞄准"极致节能"这一目标开展创新研发。随着科技水平的不断进步，光源光效得到迅速提升，LED 产业得以迅猛发展。但对于功能性照明，光源光效提高并未带来节能量的显著提升，与传统高压钠灯相比，LED 灯节能水平一直徘徊在 30% 左右，部分光效因控光不力甚至形成光污染，给夜空环境带来侵害。经过深入分析，功能性照明的目标指向需求界面——道路，而需求界面的照度值在设计规范规定中是一个固定值。所以，在满足标准照度值指标前提下，必须同时减少外溢光（无效光）来降低输出功率，从而达到进一步节能的目的。公司研发团队经过数年潜心研发，找出了区别于常规技术路线的特殊成因及发光规律，巧妙运用光衍射原理，利用"导光模组"对既有出光面进行干预，通过精准控光来增大需求界面投射光强、减少外溢光，实现了节能突破。

对于功能性照明来说，LED 灯并非仅凭高光效就能达到理想节能的目的。对比高压钠灯和 LED 灯，高压钠灯的发光特点是 360 度发光，落在路面上的光通量有限，而 LED 灯单向发光，指向性强，无漫射光特性，并且经过二次光学设计，更多的光是射向道路的，相同亮度比较，LED 灯消耗更少的功率、更节能。然而，单颗 LED 灯在道路照明上其光通量无法单独成为光源，LED 集成模块后因其所使用导热基板、热导移系统不同，其出光量并不等同于该集成模块 LED 总和，因此光源光效并不等同于灯具光效，应注重灯具光效而非光源光效。LED 路灯作为功能性照明，比一般照明增加了"二次配光"参数，而二次配光越均匀其灯具光效越低，因此，仅凭灯具光效难以评价 LED 路灯的优劣。由此，照明利用率（路面光通量 / 灯具光通量）作为关键评价指标被用来衡量 LED 路灯是否高效节能。如前所述，需求界面（道路）获取光通量在设计标准中是一个定值，分母（灯具光通量）越小，照明利用率越高，灯具产品越节能。综合上述技术原理，通过利用导光模组对出光面施加干预，可将分母中的部分无效光通量转化为有效光强，提高照明利用率，在达标照度前提下降低输出功率，照明节能水平会大幅提升。

如图 3 所示，未经导光模组控光，上视光出光角交汇于空中，形成了逸散光（上图，浅灰色区域）。经过导光模组控光，上视光出光角交汇于路面，屏蔽了逸散光（下图，浅灰色对称三角区域，属光污染区域）。

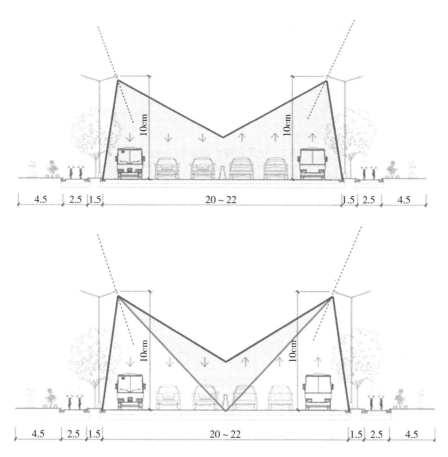

图 3　导光模组控光区域对比

3.4　技术先进性及指标

通过施加导光模组后，发光效率虽然会减少 12.69%，但可使中心区域光强相应增加 47.85%。

表1　灯板裸板与增加导光板的参数对比

	电压（V）	电流（A）	功率（W）	实际测量（lm）	纵向角度（度）	横向角度（度）	光效（lm/W）	中心光强cd
灯板裸板	98.52	1.35	133	14 179	115.6	56	106.61	5 739
加导光板	98.74	1.35	133.3	12 406.9	93	51	93.08	8 485
参数对比				−12.50%	−19.55%	−8.93%	−12.69%	47.85%

随机抽取三个不同厂家光照度测试报告，对10米灯下垂直点照度值进行比较可以看出，反射式配光在光效偏低情况下光强反而增大，具有明显控光节能优势（见表2）。

表2　不同厂家产品参数对比

厂家	配光方式	灯具效能（lm/W）	输入功率	功率因数	相关色温（K）	显色指数	10m灯下垂直点照度（lx）	灯具效能提高百分比	灯具标准测试照度下降百分比
易永光电	反射式（整灯）	110.3	144.9	0.987	2 953	80.3	70.06	100%	100%
厂家A	折射式（整灯）	127.7	147.8	0.979	3 956	80.3	52.26	115.78%	34.06%
厂家B	折射式（模组）	177.8	150.8	0.972	3 051	71.7	59.22	161.2%	18.3%

数据来源：时代之光。

根据以上数据不难看出，通过创新技术运用，LED反射式高效节能路灯较同类产品具有明显的控光节能优势。经上海市能效中心实地检测，使用导光模组配光技术产品，相同照度替代高压钠灯，节能率可达60.7%（同类产品相同照度节能率平均仅为30%左右），如对照国家规范上限值时，节能率可达80.9%。

4　典型案例

4.1　案例概况

案例项目位于上海迪士尼旅游度假区核心区规划酒店地块，为园区二期配套项目。项目投资 5 亿元，由上海国际旅游度假区运营公司出资建造并运行管理。

上海迪士尼旅游度假区对标国际高端热点旅游地，精心打造独具特色精品园区，除硬件设施堪称国际一流之外，对宜居宜游软环境也有着特殊要求。

4.2　实施方案

上海易永光电科技有限公司结合多年积累的研发经验，创造性应用自主知识产权技术产品，为园区量身定制、精心打造最佳光环境，通过精准控光，实现低密度照明氛围，彻底消除光污染对园区夜游环境产生的次生影响（如图 4 所示，发光投射范围控制在深黄色有效灯光区域，屏蔽了浅黄光眩光区域），营造出静谧、温馨、优美的夜游环境，受到业主及游客的一致赞誉。

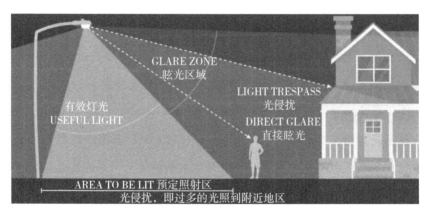

图 4　实施方案目标原理示意

4.3　实施效果

（1）单灯节能效益。新灯具使灯光有效聚焦于需求界面，相比同类产品节能效率提升 30%，相比高压钠灯节能率达 60.7%。

按业主要求与原设计的 298.48 瓦高压钠灯相同照度相同节能测算节能灯，可减少功率为：298.48×60.7%=181.17 736 瓦；按照每天亮灯时间 11.5 小时计，总计 188 盏，每天共节电 188pcs×11.5h×0.1 809w×392kW·h×0.7 元/kW·h=273.91 元。每年可节约电费约 273.91×365=9.9 977 万元，用户满意度高。如按次干道国标上限值计算（节能 80.9%），全年可节省电费 13.1 万元。

（2）环境指标效益。案例实施后，灯具无逸散光，环境无光污染。年节约标准煤约 43.6 吨，可实现年减排 CO_2 约 107.2 吨。

4.4 案例评价

案例技术产品主要用于大功率照明。通过自主研发的"导光模组"优化灯具出光面，进行精准控光，从而提高定向投射光强，减少道路功率密度。其技术性能指标完全达到国家标准，节能实效明显，现已在上海市多条道路上推广。

上海易永光电科技有限公司成立于 2008 年，为上海市高新技术企业。公司成立之初，正值上海筹办世博会，为落实"城市让生活更美好"的办会主题，公司联合上海市城市建设设计研究总院开展 LED 户外照明课题研究。从当时的第一代技术产品研发到如今第六代产品陆续投放市场，历经十几年的不懈追求，在功能性照明领域取得非凡成就。公司自主创新研发的"易耀"品牌 LED 路灯及其相关系列产品，采用功能独特的"反射式非对称二次配光"应用技术，实现了与同类产品相比节能提升一倍的创新突破。公司连续两届获得上海市节能产品奖，先后荣获国际半导体照明联盟授予的全球半导体照明示范工程 100 佳、住建部科技成果推广项目、上海市嘉定区科技进步奖等荣誉称号。从国际获奖到国内获奖、从理论到实践应用、从现场实测到实验室检测，都达到了业内同类产品较高应用水准，从根本上实现了应用类、功能性照明产品节能技术的创新，有效降低了户外大功率照明运维成本，现已完成商业化落地推广，服务于国家节能减排发展战略。

"易耀"品牌LED路灯及其系列产品采用首创反射式非对称二次配光设计，对通常采用折射式配光技术产品架构进行了大胆创新，在满足功能照度指标前提下，降低产品输出功率，提高照明效率。设计尤其注重灯光的有效利用率而非完全依赖灯具光源效能，强调灯具组件功能协同一致性而非刻意突出光源作用，为LED功能性照明产品因功率大、结温高、易引发光衰这一难题找到了最佳解决路径。

随着照明灯光有效利用率的提升，公司产品在品质、涵盖适用范围、节能水平以及防眩光、控制溢散光等方面均得到大幅提升，实现了精准照明控光、应照即照、因需配光、趋利避害。

近年获得的主要奖项如下。

（1）2017年国际半导体照明联盟授予"全球百佳案例"。

（2）2017年、2020年连续两届上海市节能产品奖。

（3）上海LED创新技术推荐奖。

（4）全国电子节能重点推荐产品技术。

（5）上海市嘉定区科技进步奖。

（6）住建部"全国建设行业科技成果推广项目"。

（7）国家节能中心"第三届重点节能技术应用典型案例"。

通过的主要科技成果评审如下。

（1）上海市住建委科技处课题评审。

（2）工信部科技成果评价、备案。

通过的行业权威检测认证如下。

（1）上海市能效中心能效对比测试报告。

（2）国家级实验室CQC认证、节能认证及专项检测。

（3）科技查新报告（国际先进）。

近年主要代表性案例如下。

（1）上海市奉贤区南庄公路LED路灯项目荣获全球半导体照明协会评选的

"全球半导体照明示范工程100佳"。

（2）上海迪士尼旅游度假区二期项目LED路灯能效提升工程获得国家节能中心第三届重点节能技术典型案例。

近期公开发表的研究报告及主要论文如下。

（1）《LED高效节能路灯研究报告》（中国照明网2019年9月2日登载）。

（2）《LED路灯智能照明系统研制标准》（沪建管科检字〔2015〕第004号）。

（3）《提高光源光效利用率是推动功能性照明健康发展的必然之路》入选第十届亚洲照明大会论文集；收录在2018年中国LED照明论坛论文集；荣获2018年中国科学家论坛论文一等奖；论文较早刊登于《电器照明》杂志2017年第4期。

（4）《LED功能性照明不同二次配光能效差异性分析》一文入选2020年中国LED照明论坛论文集。

（5）《先进制造业与营商环境优化》一文登载在《中国工业和信息化》杂志2018年10月刊。

（6）《LED功能性照明的效率提升策略及应用》一文刊载在由复旦大学电光源研究所与上海市照明协会联合主办的《光源与照明》国家级专业期刊。

任何一项创新，首先来自研制者的热爱以及对探究事物本源的不懈追求，接下来就是坚持。忍受住无数次推倒重来的煎熬和痛苦，有着非同常人的极限抗压能力、孤独"求败"的执着，修炼成不患得患失、不轻言放弃的耐心，直至登顶时刻！

倘若给一个洞察事物的理想视角，人人都可以做到一览众山小，并不以山海为远。然而对创造视角的人来说，个中滋味，酸甜苦辣，彷徨无助，甘苦自知。举个例子，某次去设计院走访，在和工程师交流中谈到创新节能带来的突破，工程师的关注点相较于节能，更在意标准，当提供 IES 文件进行模拟，各项参数完全符合标准且照度指标明显高于规定值后，便淡淡地说了一句：可以尝试使用。在与一位知名厂商负责人谈及此事时，厂商负责人并未感到惊讶，只是反复强调行业通行做法、行业竞争、发展水平云云，似乎隐喻行业生态就是如此，不大可能另辟蹊径，即便需要做出全新选择，类似这种做法也不难。可见，新的技术路线出现后，挑战传统技术路线的难度很大。还有一个故事：上级要求一个锅炉车间要节能改造，外包的研究所指派一位工程师做改造方案，工程师来到现场仔细调研，历经三个月时间，推演整理出大量数据，最后决定将炉门尺寸缩小三分之一，实现了明显的节能效果。验收总结会上，相关部门包括司炉作业人员中的绝大部分人认为付这么多钱请人设计不值，只是焊上一块钢板而已。这说明一点，"以果为因"，轻而易举；"以因为果"，筚路蓝缕。数年研发且被实践验证行之有效的科研成果能顺利落地，对研制者来说是一个不小的挑战，创新任重道远！

1. 灯具研制立项阶段

2006 年 7 月 17 日，在上海市建设科技推广中心的组织下，在上海市建委科学技术委员会七楼第四会议室，由上海易永光电科技有限公司介绍了 LED 路灯的研究思路，与会专家看到了 LED 作为新兴光源的发展潜力。

上海市城市建设设计研究院看到未来 LED 路灯应用发展趋势，于 2006 年 11 月 8 日联合上海易永光电科技有限公司拟订了上海世界博览会 LED 道路照明灯具科研计划，并于 2007 年 3 月正式立项作为上海市城建（集团）公司的科研项目，开始了对 LED 作为道路照明光源的可能性研究。

2. 灯具研制实验阶段

2008 年 12 月，在苏州公司场地上第一次安装了公司研制的 LED 路灯，并且组织上海市市政工程局科技处、上海市城建（集团）公司科技处领导和上海市城市建设设计研究院研究人员赴现场观看 LED 亮灯并实地检验测试结果。经过常州路灯所科技人员现场对路面亮度、照度及均匀度的测试，LED 路灯的照明效果达到设计要求。这在当时光源光效偏低的情况下能够满足规范要求实属不易。

2009 年 8 月 3 日，公司开始研究第二代 LED 路灯。在北京路灯中心的支持下，试安装在三里河东路（次干路等级），采用的是 180W 的 LED 灯，取代 400W 的高压钠灯，灯高 12m，灯间距 42m。照明效果完全达到国家标准 CJJ45 的要求。使用 4 年半后仍然运行完好，基本没有光衰和管芯的损坏。

3. 灯具应用推广阶段

上海易永光电科技有限公司作为设计研发生产加工企业，深刻地认识到 LED 路灯推广应用面临的问题：LED 路灯产品日新月异，设计师不知如何按规格选择路灯，市场比较混乱，质量参差不齐，定价不清，很难做工程预算，形成按瓦算钱的无奈。对于路灯的用户来说，碰到的问题是：接口缺乏标准，产品无法互换，维护工作困难。缺乏非模块化生产的一体化路灯，维修时需替换整个灯具，增加劳动力和维护成本。为此，公司在研究中融入了"标准化"的理念。2012 年 4 月 20 日，上海市城市建设设计研究院与上海易永光电科技有限公司联合致函上海市建设与交通委员会，共同申请市政道路半导体照明技术应用技术规范的编制。2013 年，易永光电作为参编单位参与了上海市地方规范《LED 道路照明应用技术规程》的编制，并且着手研究灯具所包含的各个器件在模块化后如何方便拆卸，以及这些器件模块如何实现标准化。还研究了推广 LED 路灯应用中的标准化问题，诸如灯具安装接口、灯具驱动电流、电源模块安装位置、受控系统的通信标准等，取得了一系列成果。通过上海市南庄公路、上海迪士尼旅游度假区等标志性案例的实施与测试，各项性能均达到了研究设计预期。

4. 系统研究阶段

随着LED路灯研究与推广的进程，LED路灯融入城市路灯管理系统的需求日益强烈，也就是说要充分发挥LED路灯的优点，实现LED路灯实时监控和调光节能势在必行。为此，公司的研究工作又进入"系统研究"的阶段，不仅是灯具的光学研究，还包括了灯具智能电源的研究、灯具受控的接口和通信规约的确定等。鉴于道路照明智能化管理的重要性，2014年3月8日，公司与上海市城市建设设计研究院、上海路灯管理中心、上海路辉电子科技有限公司签署了合作研究LED路灯智能化应用的协议，实现对LED路灯工作状况的管理与监控，并通过智慧控制手段实现LED路灯的二次节能。2014年12月15日，在上海市虹口区高跃路（路宽13m双机动车道的次干道）成功安装了21套公司研究的第四代LED路灯，以150W功率取代400W高压钠灯的照明。经上海市经信委下属事业单位上海市能效中心现场照度测试：课题研究的150WLED路灯的照明效果完全可以替代原来的400W高压钠灯。节能效果如下。

（1）150WLED路灯输出100%光功率时，对路面的照度达到38.4Lux，节电率达到43.39%。

（2）150WLED路灯输出68%光功率时，对路面的照度达到29.06Lux，节电率达到61.7%。

（3）150WLED路灯输出31%光功率时，对路面的照度达到16Lux（城市次干路照度标准的上限），节电率为80.9%。

至此，公司历时八年的努力，最终的研究成果得到专家一致肯定并通过评价验收。

随着智慧照明的不断发展，LED功能性照明也必将全面融入智能管控体系，精准、高效、按需、低碳将成为今后半导体照明设计的努力方向。若非原发性、颠覆性创新，绝大多数行业创新节能都是将提高使用效率、提升能源利用率作为研发破题的切入点，照明节能也不例外。光源光效提升凸显照明产业的进步，其更大意义在于应用层面上，更好地提升光源光效利用率，以促进 LED 照明产品品质提升，满足更大范围的应用需求。与其他产业不同的是，半导体功能性照明节能更加强调灯具组件系统架构的协同一致性，而非完全依赖光源本身。灯具系统作用发挥的好坏，决定了产品质量的优劣以及能效水平的高低。产品设计应力求做到：精准控光，按需照明，应照即照，趋利避害。这或许将成为功能性照明产业未来发展的方向。

上海易永光电科技有限公司"易耀"品牌 LED 高效节能路灯应用于上海国际旅游度假区核心区，控光效果好，节能效果突出，深得游客和业主好评，年节电金额近 10 万元。通过此次成功试点，计划在后续大规模节能改造中优先采用该项节能产品，共同为双碳建设做出努力与贡献。

案例技术产品主要用于大功率照明，通过自主研发"导光模组"优化灯具出光面，进行精准控光，从而提高定向投射光强，减少道路功率密度。其技术性能指标完全达到了国家标准，节能实效明显，现已应用于上海市多条道路上。

中盐红四方公司利用蒸汽冷凝液低温余热驱动复合工质制冷项目

1 案例名称

中盐红四方公司利用蒸汽冷凝液低温余热驱动复合工质制冷项目

2 技术单位

安徽普泛能源技术有限公司

3 技术简介

3.1 应用领域

案例所用技术的名称为低品位热驱动多元复合工质制冷（＜0℃）关键技术及装备。

制冷领域占据市场份额最大的是电驱动压缩式制冷技术及设备。目前电能主要是由传统化石燃料转化而成，因此会间接产生碳排放。另外，传统氯氟烃（CFC）制冷剂也会对臭氧层造成破坏。自1940年起，美国和日本相继开始了热驱动制冷方法及技术的研究，我国起步较晚，主要采取引进消化的技术路线。近年来，可利用工业余热的吸收式制冷技术及设备快速发展，采用的非氯氟烃制冷剂（氨—水，溴化锂—水等），不会对臭氧层造成破坏，具有显著的节电和环保效果，因而得到了广泛的应用。由于工质凝固点高或需要附加额外的精馏装置辅助实现工质循环，该类技术在低温制冷领域的应用存在一定局限。溴化锂—水制冷系统的最低制冷温度为 7℃，不能满足 < 0℃的低温市场需求。

安徽普泛能源技术有限公司（以下简称普泛能源）自主研发的低品位热驱动多元复合工质制冷（< 0℃）关键技术及装备，实现了低品位热能吸收式制冷技术的新突破。该技术适用于不同行业，可以提供绿色高效制冷解决方案，满足工业、农业、商业、建筑和体育设施等领域节能低碳用冷需求。自 2020 年起，该技术已在化工行业的中盐集团、天津永利、山西美锦、中盐昆山、河南骏化、天津永利、内蒙古建元、江苏华昌、东华科技等 12 个标杆企业成功推广应用。

3.2 技术原理

该技术装备为一种新型 TC 制冷工质的吸收式制冷机组，可通过低温热能驱动，制取 < 0℃冷能。其可充分利用低温余热，采用最短的路径和最高效的能量转化工艺，使热量从低温介质向高温介质转移，以替代传统电驱动压缩式制冷方式。

TC 多元混合工质溶液以氨作为制冷剂，多种物质混配形成专有吸收剂，溶液可隔绝水分、油分及空气，稳定性强，具有在常温下强融合、加热状态下易分离的特点，并结合氨作为制冷剂的高潜热、低蒸发温度等特点，形成了一种非常理想的应用于热驱动制冷系统的组分配方。结合专门针对此配方开发出的相应设备和专有控制技术，可以有效解决目前工业领域普遍存在的低品位废余热无法有效利用和低温制冷高昂用电成本所带来的困扰。

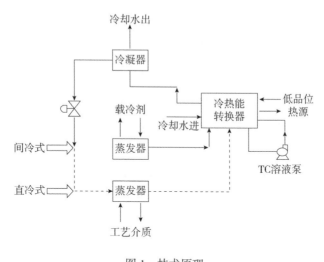

图 1　技术原理

其技术原理如下。

TC 多元混合工质的富氨溶液在冷热能转换器高压桶（发生器）中通过低品位热源加热，分离出高压氨气进入冷凝器中，被循环冷却水冷却成饱和液氨。同时，含氨量降低的 TC 工质贫氨溶液经回热器换热降温进入低压桶（吸收器）。

液氨经减压阀减压后温度降低，进入制冷机组内的蒸发器（间冷式）或工艺用冷单元的外冷器（直冷式）进行吸热，实现制冷效果。

在蒸发器 / 外冷器吸热蒸发后产生的低压氨气进入冷热能转换器，在低压桶内与从高压桶返回的 TC 工质贫氨溶液进行融合形成富氨溶液，然后经 TC 溶液泵提压，经回热器换热升温回到高压桶重新加热分离，完成整个循环。

3.3　关键技术及创新点

（1）建立了低温热驱动多元复合工质制冷（＜0℃）系统 COP 和 ECOP 的 TC 热力学—多尺度动力学模型，从微观层面为高效热质传递和制冷提供了理论基础。

（2）开发了以氨为基材、TC 多元复合成分为核心的新型制冷工质，强化了传热传质，系统安全可靠。该制冷工质利用低温余热，突破了传统热驱动制冷的局限，制冷温度最低可达 –47℃。

（3）开发了国际领先的 PNCS 专有控制技术，在保证系统运行过程不发生工质结晶风险的前提下，最大限度地运行于最优工作区间。

（4）研发了高效新型复合式冷热能转换器，实现了工艺和装备的高效系统集成。

（5）发明了大幅减少能耗的活塞 / 电磁换向泵送装置。

3.4 技术先进性及指标

案例所用技术的先进性及指标见表1。

表1 技术先进性及指标

序号	项目	先进性
1	使用能源	利用 100～140℃低品位热源，包括工农业生产过程中低温余热的回收利用以及生物质热能和地热能的开发利用
2	回收利用效率	余热回收利用效率为 40%～70%，大幅提高了热驱动制冷同类技术的余热回收利用效率
3	制冷温度	可以制取最低温度 –47℃以上的冷能，拓展了现有热驱动制冷技术（设备）的制冷深度
4	转换工艺	热与冷转换工艺，最短路径、最高效转换
5	制冷效率	制冷效率等性能指标均先进于国内外同类技术
6	调节范围	制冷负荷调节范围宽，可在冷负荷 20%～110% 自适应调节，无传统电驱式制冷设备在负荷改变过程中存在的喘振现象
7	制冷工质环保标准	新型 TC 混合制冷工质稳定性强，组分中无水无油，无须分离，长周期运行无衰减，ODP（臭氧消耗指数）及 GWP（全球变暖潜能指数）均为 0，符合环保国际标准
8	设备环保标准	设备运行实现废气零排放，不产生固体废弃物，污水排放及噪声均符合国家环保标准
9	节能减排	在同等制冷量下，本技术及装置耗电仅为电驱式制冷设备的 5% 左右，节电率高达 90% 以上，节能减排效益非常显著，可大幅度减少能耗、间接煤耗和 CO_2 排放，助力用冷企业实现"节能、减排、增效"三大目标
10	实施方案	该技术由于没有压缩机组，设备可以在热源或冷源处就地布置，按照所在区域的防火、防爆要求进行设计。项目实施简单易行，可露天布置，占地小

4 典型案例

4.1 案例概况

中盐安徽红四方股份有限公司（以下简称中盐红四方）年产 30 万吨乙二醇生产工艺制冷工段，在蒸汽冷凝液余热深度制冷的技改项目中，应用了普泛能源自主研发的低品位热驱动制冷技术及装备，回收利用乙二醇生产过程中产生的 132℃冷凝液作为热力驱动，制取 –20.2℃低温冷源，总制冷量达到 2 800kW，完全替代了原设计的电驱动螺杆压缩机制冷机组（转为停机备用），节电率高达 90% 以上，迄今已安全平稳运行超过 3 万小时，节能减排效果非常显著。

4.2 实施方案

在中盐红四方年产 30 万吨乙二醇生产线上，原有大量冷凝液被白白浪费，而制冷工段则采用约克电驱动螺杆式压缩制冷机组，以解决生产用冷需求，存在着能量损失大、用电量大、电费成本高等问题，急需进行节能技术改造。

中盐红四方提供的技术操作参数和冷端需求数据如表 2 所示。

表2　技术操作参数和冷端需求数据

序号	项目		余热/制冷参数
1		系统名称	高温冷凝液
2		余热产生及部位说明	回收冷凝液罐
3		余热形式	热水
4		余热状况	无杂质，无腐蚀
5		余热温度	约 132℃
6	余热参数	余热压力（MPa.G）	0.7
7		余热水流量（t/h）	正常 350，最大 436
8		余热日运行时间（h）	24
9		余热年运行时间（h）	8 000
10		利用后余热介质排放温度	约 109℃
11		利用后余热介质压降（KPa）	≤ 60

续表

序号	项目		余热／制冷参数
12		载冷剂介质	约46.4万吨乙二醇水溶液
13		载冷剂进出口温度	入口 –11.7 ~ –13.3℃，出口 –20.2℃
14		载冷剂流量（m³/h）	441.8
15	制冷参数	载冷剂进口压力（MPa.G）	0.9
16		载冷剂压降（KPa）	≤ 60
17		制冷量要求（kW）	正常值 2 400，最大值 3 600
18		冷量日需求时间（h）	24
19		冷量年需求时间（h）	≥ 8 000

依据上述参数，普泛能源设计定制了两台套低品位热驱动制冷机组，总制冷量为 2 800kW，利用 132℃冷凝液余热作为驱动能源，制取制冷工段所需的 –20.2℃冷能，直接替代了原有的电驱动螺杆式压缩制冷机组。该项目总投资 2 800 万元，建设周期 12 个月。

图 2　案例现场

4.3　实施效果

案例实施效果及相关节能指标见表3。

表3　案例实施效果

	节能技改前 （年均）	节能技改后 （年均）	节能 / 减排 / 增效 （年均）	节能 / 减排 / 增效 （全生命周期 15 年）
耗电量	1 330.9 万 kW·h	128.8 万 kW·h	节能 1 202.1 万 kW·h	节能 1.8 亿 kW·h
折算标煤量	4 059 吨	393 吨	节能 3 666 吨	节能 5.5 万吨
折算碳排放	9 972 吨	965 吨	减排 9 007 吨	减排 13.5 万吨
用电成本	732 万元	70 万元	增效 662 万元	增效 1 亿元
碳排放成本 / 收益	49.9 万元	4.8 万元	增效 45 万元	增效 676 万元

注：根据用户提供的节能及经济效益数据计算，年操作时间按 8 000 小时计，电费按 0.55 元 /kW·h 计算，年均碳排放成本按照国内碳交易市场现价 50 元 / 吨计算，全生命周期（15 年）碳交易收益以未来十年碳交易价格均价 100 元 / 吨估算。

4.4　案例评价

2019 年 5 月 7 日，国家节能中心组织行业专家对该技术进行了现场技术评审，评审结论为："本技术首套工业化装置已在中盐安徽红四方股份有限公司年产 30 万吨乙二醇装置中稳定运行，满足设计要求，节能效果显著，具有良好的经济效益和社会效益。本技术符合国家产业政策，技术优势明显，建议加快形成系列化、标准化、模块化的产品系列和生产能力。"

2020 年 10 月 9 日，中国化工信息中心有限公司在《科技查新报告》中说："本项目具有唯一性、新颖性、创新性和领先性。"

2020 年 10 月 23 日，在合肥市，中国石油和化学工业联合会组织以中国科学院院士、清华大学教授费维扬为首的专家鉴定委员会对安徽普泛能源技术有限公司完成的"低温热驱动多元复合工质制冷（＜ 0℃）关键技术及装备"项目进行了科技成果鉴定，主要结论为："该成果原创性强，具有完全自主知识产权。核心技术和装备达到国际领先水平。"

2022 年，由国家节能中心组织专家严格评选的"第三届重点节能技术应用典型案例"138 个申报项目案例中，普泛能源国际领先的制冷节能技术首台套应用案例"中盐安徽红四方公司利用蒸汽冷凝液低温余热驱动复合工质制冷项目"成功进入典型案例名单。

图3 重点节能技术应用典型案例证书

安徽普泛能源技术有限公司主要从事低品位热制冷技术的研发和装备制造，拥有完全自主知识产权的低品位热制冷技术，在全球处于领先地位，是国家级高新技术企业，在北京设有"泛能源研究院"，在天津、内蒙古等地设有分支机构。

公司成立于2013年，拥有多项工业余压余热高效回收利用技术，拥有自主知识产权20件（授权实用新型专利），主编了国家重点行业标准（JB/T 12708—2016）。

2015年10月，公司被认定为国家级高新技术企业。

2019年8月，公司正式更名为安徽普泛能源技术有限公司。

为解决我国工业领域低温余热开发利用的技术性难题，以首席科学家谷俊杰院士为核心的国际水平研发团队，采用最短路径和最高效的能量转化工艺，自主研发低品位热驱动多元复合工质制冷（＜0℃）关键技术及装备，工业化应用顺利落地推广取得成功，各项运行数据均达到或超过预期。全球首台／套大型低温热驱动制冷（＜0℃）机组，成功应用于中盐安徽红四方股份有限公司年产30万吨乙二醇生产工艺节能技改项目，2019年2月一次开车成功并通过验收，迄今为止已安全运行 30 000 小时以上，为用户创造了"节能、降碳、增效"的最大价值，取得了我国节能制冷技术的突破性成果，成为绿色高效制冷技术的引领者。

该技术拥有完全自主知识产权，已累计获得相关专利及软件著作权授权 137 件，其中授权发明专利 30 件。

2020 年核心发明专利荣获中国发明协会第二十四届全国发明展览会发明金奖。

图 4　发明金奖证书

2022 年，核心发明专利荣获国家知识产权局第二十三届中国专利优秀奖。

图 5　专利优秀奖证书

该技术及应用典型案例，获得了一系列权威评定：2020年中国石油与化学联合会专家鉴定委员会科技成果鉴定结论为"核心技术和装备达到国际领先水平"；2021年入选"安徽省重点研究与开发计划项目"；2022年入选工信部"国家工业和信息化领域节能技术装备推荐目录（2022年版）"，同年入选国家节能中心"第三届重点节能技术典型案例"。

公司先后获得合肥中安庐阳创投基金、安徽省海外投资基金（由创谷资本管理）、安徽省高科创投基金及知名投资人等超过1亿元的股权投资。

为什么安徽普泛能源技术有限公司的节能科技研发能够达到国际领先水平？这要从普泛能源引进国际水平的科学家说起。在安徽普泛能源技术有限公司里，有两位特别令人尊敬的华侨科学家，一位是首席科学家谷俊杰院士，另一位是首席技术官祝令辉博士。

2015年，普泛能源董事长栾立刚巧遇加拿大卡尔顿大学终身教授谷俊杰，深入交流几次后，他们在节约能源和高效利用能源方向上形成高度共鸣，达成技术产业化并在国内落地生根的共识。栾立刚董事长诚意满满地发出邀请，谷俊杰教授欣然接受。谷俊杰教授成为普泛能源联合创始人、重要股东，担任董事兼首席科学家。祝令辉博士成为普泛能源联合创始人、重要股东，担任首席技术官。至此，这一以师生二人为核心的研发团队组建完成。

首席科学家谷俊杰院士具有国际化的学术背景：中国天津大学化学硕士，德国凯撒斯劳滕大学工学博士，加拿大多伦多大学博士后，加拿大卡尔顿大学终身教授，俄罗斯自然科学院外籍院士。除任职于加拿大卡尔顿大学终身教授外，他还先后客座担任中国天津大学、昆明理工大学、福州大学等博士生导师。

谷俊杰院士的许多科研成果达到国际国内先进水平。他利用化学工程和机械工程交叉学科优势，从1995年起在能源和环境保护领域进行探索，开展过程工艺与能量流的综合研究，以期达到最优化的能源利用效率。谷俊杰院士作为科研项目负责人，承担并先后完成加拿大和中国重大研发项目 20 余项，2010年被中国政府聘为"特聘专家"，担任国家"十二五"863 项目"大规模煤制清洁燃料关键技术及工艺集成研究"课题负责人，累计获得专利 100 余项。谷俊杰院士聚焦"低品位能源高效利用技术"研发，包括余热制冷、余热除碳、余热除湿、第二类热泵、泛能源站 TM 技术及装备五大技术方向。

在低品位热制冷技术方向，谷俊杰院士已有 10 多年理论及实验室研究积累。在他的指导下，祝令辉博士负责主持低品位热制冷技术的成果转化及工业化应用研发，与中盐安徽红四方股份有限公司密切合作，经过三年多的刻苦攻关，圆满完成了首台套低品位热驱动多元复合工质制冷（＜0℃）机组的工业化应用项目。

祝令辉博士主持的余热制冷技术的成果转化及工业化应用研发成绩优秀。2017 年入选合肥市"百人计划—领军人才"；2018 年入选安徽省"百人计划"，获"安徽特聘专家"称号，并当选"安徽省战略性新兴产业技术领军人才"；2021 年承担"安徽省重点研究与开发计划项目"负责人。祝令辉博士的核心发明专利，2020 年荣获中国发明协会第二十四届全国发明展览会发明金奖，2022年荣获国家知识产权局第二十三届中国专利优秀奖。

2022 年，谷俊杰院士荣获"中华人民共和国侨界贡献奖"。

目前，泛能源研发团队共有 24 人，其中外国国籍 4 人，高级职称 7 人，中级职称 11 人，专业配备齐全。

留学海外，学有所成，回归祖国，报效国家，专注科研，瞄准方向，科技创新，节能减排，与时俱进，开花结果，这就是泛能源科研团队的"成功密码"。

2020 年 1 月，中盐安徽红四方股份有限公司出具了《技术应用节能效益

证明》："我公司采用安徽普泛能源技术有限公司的低温热驱动多元复合工质制冷（＜0℃）技术及装备，取得了显著的节能减排效果。2019年新增节支总额671.3万元人民币。"

案例采用安徽普泛能源技术有限公司研发的低温热驱动多元复合工质制冷（＜0℃）关键技术及装备，技术领先，运行可靠，通用性强，节能减排效果好。该项目投资回收期短，经济效益和社会效益明显，在石化化工行业具有很大的推广潜力。

昌乐盛世热电脱硫脱硝系统
磁悬浮鼓风机应用

1 案例名称

昌乐盛世热电脱硫脱硝系统磁悬浮鼓风机应用

2 技术单位

山东天瑞重工有限公司

3 技术简介

3.1 应用领域

磁悬浮鼓风机属于通用机械的风机制造领域，可广泛应用于水泥、造纸、污水处理、化工、钢铁、热电、食品、制药等行业。

3.2 技术原理及创新点

磁悬浮鼓风机综合节能技术主要包括磁悬浮轴承系统、高速永磁同步电机、高效三元流叶轮及智能控制系统等关键技术。

（1）利用磁悬浮轴承系统，解决了传统轴承磨损问题。

（2）采用高速永磁同步电机，保证了磁悬浮动力系统低功耗、低故障、高效可靠运行。

（3）设计高精度三元流叶轮，大幅度提高了效率。

（4）创新开发独具特色的磁悬浮鼓风机智能控制系统。开发了远程运维系统，实现整机远程运维等。

3.3 技术先进性及指标

磁悬浮鼓风机具有高效率、节能、低噪声、长寿命等特点，采用智能化控制系统，实现整机的远程运维和故障诊断等功能。与传统罗茨鼓风机相比，节能30%以上，噪声由120分贝降至80分贝左右，使用寿命长达20年。

该产品于2021年经中国轻工联院士专家鉴定，达到国际领先水平，同年被评为山东省"十大科技成果"；2022年荣获山东省技术发明一等奖；2020年被列入《绿色技术推广目录（2020年）》，2021年被列入国家《"能效之星"产品目录》和国家工业节能技术装备推荐目录，2022年被列入国家节能中心典型案例，成为实现我国"双碳"目标的重要技术支撑。

4 典型案例

4.1 案例概况

昌乐盛世热电有限责任公司成立于2003年4月，是经山东省发改委核准的区域性热电联产企业。公司现有循环流化床锅炉8台，背压和抽凝汽轮发电机组4台，总装机容量66MW，主要承担着山东世纪阳光纸业集团有限公司与潍坊盛泰药业有限公司的电力供应，以及昌乐经济开发区所有工业企业的生产用气、昌乐县城区居民的冬季取暖。

4.2 实施方案

根据原脱硫系统氧化风机的设计参数、运行数据和实际能效，结合山东天瑞重工有限公司的磁悬浮鼓风机系列产品的性能，确定采用 4 台 110kW 磁悬浮鼓风机替代原 4 台 250kW 的罗茨鼓风机，在保障脱硫系统运行参数满足的要求下，达到节能、降噪的目的。

4.3 实施效果

项目改造后，节电率约 51%，噪声由 120 分贝降至 80 分贝，节能降噪效果显著。

4.4 案例评价

（1）节电效果好，与原罗茨鼓风机相比，节电率约 51%。

（2）噪声低，安装方便。机器采用整体箱式结构，风机噪声由罗茨鼓风机的 120 分贝降至 80 分贝左右，机体震动小。

（3）系统集成性高，操作简便，安全性高。磁悬浮鼓风机仅需设定转速就可以实现不同风量调整，可满足不同工况。风机的全自动防喘振系统，进口过滤棉，冷却系统，停电、故障保护系统及实时显示的中文触摸屏，均可提高设备运行的安全性，减少事故发生。

（4）设备机械部分免维修，维护成本低。除定期清洗更换过滤网外，并无其他维护费用。

技术单位介绍

天瑞重工有限公司成立于 2008 年，位于潍坊市高新区，是一家从事磁悬浮动力技术研发的高新技术企业，是工信部制造业单项冠军、全国磁悬浮动力技术标准化工作组秘书处单位、国家企业技术中心、山东省前瞻布局的四个未来产业、山东省节能环保产业链"链主"、我国磁悬浮动力技术领军企业。

公司建有山东磁悬浮产业技术研究院，拥有一支行业领先的研发团队。公司创始人、首席科学家李永胜是第十四届全国人大代表、山东省第十二次党代会代表，带领团队成功突破一系列"卡脖子"关键技术，研发成功磁悬浮鼓风机、磁悬浮真空泵、磁悬浮空压机、磁悬浮制冷机、磁悬浮低温余热发电机等一系列高效节能磁悬浮动力装备，节能30%以上，噪声由120分贝降低至80分贝左右，达到国际领先水平，替代原来的高耗能设备，广泛应用于水泥、造纸、污水处理、化工、热电等行业。

公司自投产以来，积极响应国家节能减排号召，先后建成了炉外湿法脱硫脱硝、烟气除尘改造等环保设施，并通过了环保验收，确保达标排放。2020年，公司购置天瑞重工有限公司高效节能磁悬浮鼓风机，替代原高耗能、高噪声罗茨鼓风机，主要用于热电烟气脱硫脱硝工艺技术改造，设备运行良好，充分实现了节能降噪。

昌乐盛世热电脱硫脱硝系统采用了天瑞重工有限公司4台110kW磁悬浮鼓风机，替代原4台250kW罗茨鼓风机。改造前后对比，风机噪声由120分贝降至80分贝左右，节电率约51%，节能降噪效果显著。

深圳海吉星农产品物流管理公司配电系统节电技改项目

1 案例名称

深圳市海吉星国际农产品物流管理公司配电系统节电技改项目

2 技术单位

深圳市华控科技集团有限公司

3 技术简介

3.1 应用领域

该技术名称为基于电磁平衡原理、柔性电磁补偿调节的节能保护技术，适用于 0.4 ~ 10kV 的变压器配电系统，为工业企业类、楼宇商场类等能耗企业提供量身定制的节电保护整体解决方案；根据客户电能质量情况定制生产，在实际应用中通过大数据智能分析优化控制策略，从而实现提高电能质量、降低电能损耗的目标。

表1　华控节电保护装置应用领域

工业企业类	钢铁行业、自来水行业、污水处理厂、各类酒厂、制药厂、造纸行业、水泥行业、建材行业、电子科技行业、化工行业、卷烟行业、基建行业、包装行业、汽车生产行业、服装制衣行业、纺织行业、化纤行业、印染行业、塑料行业、石油化工行业、矿产开采行业、铸造厂、冷藏冷冻厂、水泥厂、油气田抽油机厂、垃圾处理厂、游乐园等
楼宇商场类	政府机关楼宇、物流中心、商业中心、医院、学校、酒店、餐馆、超市、金融行业、通信、写字楼、会展中心、博物馆、图书馆、科研院所等
其他用户类	机场、车站、港口码头、地铁、通信基站、证券、银行、高精尖设备、网吧、KTV等

随着我国风电、光伏产业的快速发展，电力建设也在加速推进。在这过程中，我国电能质量问题也在凸显。我国电力应用中常见的电能质量问题主要有谐波、三相不平衡、功率因数低、电压波动（过压、欠压）、电压闪变、电压暂升、电压暂降、电流瞬变、频率偏移等。其中，谐波与电压瞬变是最为突出的两个电能质量问题，每年因电能质量扰动和电气环境污染引起的经济损失非常惊人。《中国电能质量行业现状与用户行为调研报告》数据显示，在调查的32个行业共92家企业，有49家企业因电能质量问题造成的经济损失达1.5亿～3.5亿元。

谐波的危害主要体现在对旋转电机、变压器、并联电容器、断路器以及电子设备等的影响。变压器等电气设备由于过大的谐波电流而产生附加损耗，从而引起过热，使绝缘介质老化加速，导致绝缘损坏。正序和负序谐波电流同样使变压器铁芯产生磁滞伸缩和噪声，电抗器产生振动和噪声。三相或单相电压互感器往往由于谐波引起的谐振而导致损坏。谐波电流引起的电气设备及配电线路过载导致短路，甚至引起火灾的事件屡有发生。

单相设备的使用将导致用电企业存在三相电压及电流不平衡问题。三相不平衡电压及电流将导致出现零线电压、电流，这将使变压器及输电线路的损耗增加。三相电流不平衡将增加变压器及线路的铜损。

针对以上电能质量问题，深圳市华控科技集团有限公司（以下简称华控科技）结合电磁平衡原理和独到的柔性补偿调节技术，发明了具有自主知识产权的华控节电保护装置。

华控节电保护装置是一种变压器配电系统整体节电保护装置。它应用电磁平衡、电磁感应以及电磁补偿原理，采用动态调整稳定三相电压电流、电磁储能以及特有的柔性补偿调节技术，根据客户电能质量情况为其定制生产，在实际应用中通过大数据智能分析优化控制策略，从而提高电能质量，降低电能损耗。

3.2 技术原理

华控节电保护装置具有清洁电网、促进三相平衡、提高 / 改善功率因数、智能稳流稳压、滤除谐波、减少 / 降低电压波动与闪变、抑制氧化性碳膜等功能，对配电系统内的所有用电设备、仪器、仪表、线路和开关等起到保护的作用，使配电系统内的电能质量得到提高，达到综合节电和降低设备维修维护费用之目的，能为客户创造良好的经济效益和社会效益。

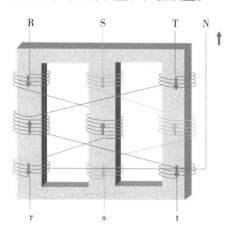

图 1　华控节电保护装置绕组示意

（1）三相电流电压不平衡调整。华控节电保护装置采用特殊设计的三柱式铁芯结构和绕组异相缠绕方式，充分利用了电磁平衡原理，对三相不平衡进行自动补偿，以达到平衡。

（2）负载功率因数提高。采用独到的异相线圈缠绕设计，减小感性电流，提高功率因数。

（3）抑制谐波。特殊设计的电磁结构不提供三次谐波及其倍频的通道，从而起到抑制三次谐波及其倍频的功能，同时等效电路上串接于线路上的电感也能抑制高次谐波的传播。

（4）电压动态调整。动态调整电路，保持设备工作在额定电压附近，使设备处于高效运行状态。

（5）电压电流瞬变的限制。设备等效电路中呈现的电感对瞬变起到抑制作用，保障了设备的安全运行。

该技术产品的生产工艺流程及产品组装流程见图2、图3。

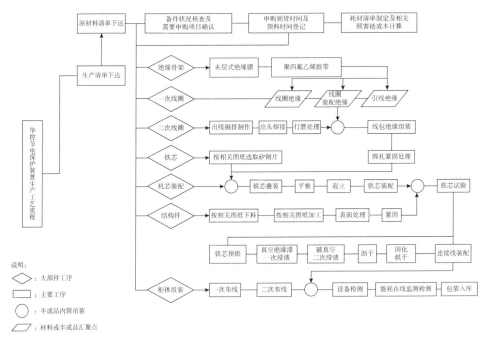

图2　华控节电保护装置生产工艺流程

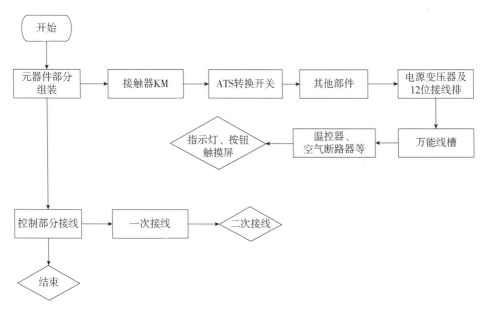

图3　华控节电保护装置组装流程

3.3　关键技术及创新点

该装置的关键技术包括主体结构为类变压器电磁结构、无闪断切换技术、强电磁兼容性和大数据云端监控等。

技术创新点包括以下七点。

（1）华控节电保护装置的核心为类变压器电磁结构，主回路没有任何电子元器件，不存在任何可以被击穿或者被电流烧毁的元器件单元，属于纯物理结构电路，没有机械运动，设计使用寿命达30年以上。串联安装在低压变压器二次出口侧，综合提升所有负载的电能品质。华控节电保护装置连接示意见图4。

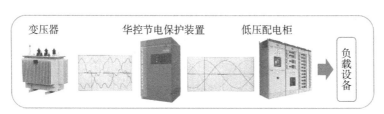

图4　华控节电保护装置连接示意

（2）华控节电保护装置具备无闪断切换功能，一键无缝切换系统并联于主体部分上，由补偿线圈切换模块、智能控制检测电路、操作及检测电路等组成，具有响应速度快（响应速度小于 1 个周波，即 <20ms）、切换无噪声、无极平滑切换、高可靠、高安全、高效率等特点（工作原理见图 5）。

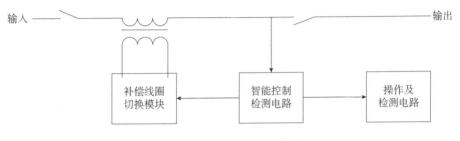

图 5　华控节电保护装置工作原理

（3）电磁兼容性强，可植入多种模块，以满足用电单位对电能质量更高的技术要求。植入华控集成智能模块（HKZN1/2）后，综合治理效果达到总电流谐波失真率 THDI ≤ 5%，功率因数 PF=0.99，三相不平衡率 ≤ 1.3%。

（4）采用先进的干式结构设计，防火性能好、绝缘性能优异、机械强度高、耐潮湿、安装经济、损耗低、噪声低、体积小、重量轻。

（5）华控节电保护装置根据变压器实时电能质量和负载设备特性、类别、运行状态，对系统进行诊断、设计、评估。产品规格与变压器容量型号完全匹配。

（6）华控节电保护装置属于一种双向节能的装置。对电网侧来讲，可以平衡三相电压、电流，有效地降低线路损耗，提高功率因数；对于负载侧来说，可以将输入的电力参数与负载最佳的工作电力参数进行比较，使输出电能品质达到最优状态，减少用户电量消耗，起到节电保护的作用。

（7）华控节电保护装置植入云端监控系统、集成显示系统，可以通过手机或电脑远程监控用电情况，可随时近端、远程查看所有用电参数。

3.4　技术先进性及指标

（1）技术先进性。华控节电保护装置的核心为类变压器电磁结构，主回路没有任何电子元器件，没有机械运动，使用寿命达30年以上，串联安装在低压变压器二次出口侧，综合提升所有负载的电能品质。独创一键无缝切换市电与节电状态技术，可以在不断电的情况下反复切换、对比验证节电率，不影响正常生产，保证了用电的连续性、安全性和可靠性。

华控节电保护装置属于整体节电装置。对电网侧来讲，该节电装置可以平衡三相电压、电流，有效降低线路损耗，提高功率因数；对于负载侧来说，该节电装置可以将输入的电力参数与负载最佳的工作电力参数进行比较，使输出的电能品质达到最优状态，减少用户的电量消耗，起到节电保护的作用。

华控节电保护装置改善了原低压配电系统的用电环境，有效提升了系统的用电效率和生产效率。使用节电装置后，一方面保证了配电系统的正常生产运行，另一方面改善了配电系统运行时的电能质量，减少设备维修次数，延长设备使用寿命，降低变压器损耗和线路线损等，使配电系统在效率高、损耗低、经济效益最佳的状态下运行。

（2）技术指标。表2列举了华控节电保护装置的主要技术性能。

表2　华控节电保护装置技术先进性

项目	华控节电保护装置
原理	电磁平衡、电磁感应、电磁补偿
容量	≤ 5 000kVA
安装方式	主体部分串联于主回路、控制系统并联于主体部分
高次谐波	消减
功率因数	提高
三相平衡	有
维护	免
寿命	30 年

续表

项目	华控节电保护装置
应用场合	广泛
结构情况	干式
节电率	高
节电量	大
材料	采用优质进口高纯度导电材料
动态调压	可通过远程监控系统实现动态精准调压，节电装置可设定多档位输出，并且可设定每个档位相差≥2.4V
电压档位	可设定多档位调节，每档电压可设定≥2.4V；可实现自动调节，调节时无须断电
温升	等同于环境温度
市电/节电切换	独创的不断电一键无缝切换市电与节电状态技术，客户在使用过程中可以随时反复多次测试验收节电率而不需要生产部门停电配合，用电系统或者节电装置出现任何特殊状况时，电流自动回到市电状态，解决了用户对节电率和安全性的疑虑
调试过程	无须停电
数据样本	自动生成、实时传输
节能评测	多种评测方法

①电气性能。

华控节电保护装置技术参数符合技术参数表规定，具体见表3。

各电压档次空载输入额定电压时，输出电压偏差小于 ±1.2V。

②安全性能。

介电强度：华控节电保护装置的带电部件与可触及的金属部件之间施加 2 500V 的额定工频耐受电压，施压时间 1min，无击穿或闪络现象。

电气间隙和爬电距离：主电路电气间隙不小于 3mm，爬电距离不小于 6.3mm。

温升：华控节电保护装置的温升按产品的绝缘等级确定温升限值。

外壳防护：外壳防护等级不低于 IP20。

接地：华控节电保护装置的铁芯和金属构件可靠接地，并有明显的接地标志。

此外，还有短路及过载保护。

③供电连续性说明。

一是华控节电保护装置内部没有总开关，不会因开关跳闸而断电。

二是当华控节电保护装置有故障的时候，主回路自动无闪断切换到市电工作。

三是当华控节电保护装置有故障的时候，其进线和出线等于是一条导线在工作。

综上三点，华控节电保护装置可以保证供电的连续性及可靠性。

④安全合法性说明。

部分控制：节电和市电转换的时候控制的是华控节电保护装置的控制部分，主体部分没有断点，所以其负载不受影响。

合法：华控节电保护装置安装在变压器的二次出口侧，用户电能计量表后端，符合用电法规。

安全：华控节电保护装置送国家智能电网输配电设备质量监督检验中心、中国质量认证中心检测认证，并获得 CMA、CCC、CQC 证书。

表3　华控节电保护装置技术指标

额定工作电压	0.4 ~ 10kV
额定工作电流	1.44A/kVA
额定频率	50Hz
额定容量	取决于用电单位变压器容量
节电输出电压	取决于用电单位实时电能质量
冷却方式	自然空气冷却及顶吸
制造方式	三相、铁芯、带隙
绕组和铁芯处理	真空浸渍、真空干燥固化
绝缘等级	F 级（150℃最高）
出线方式	线圈同侧或两侧
漏电流	≤ 10mA
外壳防护等级	IP20
噪声	1 类（昼间：≤ 55dB；夜间：≤ 45dB）
空载损耗	≤ 0.03%

续表

空载输出电流偏差	$\leqslant 0.3\%$	
负载损耗	$\leqslant 0.6\%$	
绝缘电阻：$\geqslant$ MΩ		
一次侧 MΩ	相对相	50
	相对零	50
	相对地	50
二次侧 MΩ	相对相	50
	相对零	50
	相对地	50

该技术已成功运用于中国石化集团、中国铁塔、华菱钢铁集团、美的集团、宝武钢铁集团、富士康集团、康恩贝集团、海信集团等国内多家重点用能企业。华控节电保护装置综合节电率可达 7% ~ 15%，不但节电效果明显，还提高了电能品质，使全部用电设备达到最佳平衡电力效果，保护了设备，延长了用电设备的使用寿命。

4 典型案例

4.1 案例概况

深圳市海吉星国际农产品物流管理有限公司配电系统节电技改项目为基于电磁平衡原理、柔性电磁补偿调节的节能保护技术应用成效突出的典型案例。

深圳海吉星国际农产品物流园（以下简称深圳海吉星）由深圳国有上市公司深圳市农产品集团股份有限公司（以下简称深农集团）投资建设，由深农集团旗下全资子公司深圳市海吉星国际农产品物流管理有限公司运营管理，是深圳市政府规划的唯一的一级农产品批发市场，是深圳市重点农业龙头企业。项目占地面积 30.3 万平方米，规划建筑面积 82 万平方米，投资总额 20

亿元。深圳海吉星于 2011 年 9 月 29 日正式启用，日均总交易量过万吨，年交易规模为 380 万吨，年交易额 280 亿元，较好地满足了深港两地居民的菜篮子所需。

深圳市华控科技集团有限公司（以下简称华控集团）分别于 2019 年 3 月 3 日、10 月 15 日对深圳海吉星 2# 低压配电室 12#1250kVA 变压器配电系统、4# 低压配电室 6#1600kVA 变压器配电系统进行了节能技改，验收节电率分别为 13.5%、11.93%。

节能技改完成后，根据深圳市海吉星国际农产品物流管理有限公司反馈，华控节电保护装置设备运行稳定，节能效果明显，改善了配电系统运行时的电能质量，减少了设备维修次数，延长了设备使用寿命，提高了变压器容量，降低了变压器损耗和线路线损等，使配电系统在效率高、损耗低、经济效益最佳的状态下运行。

4.2 实施方案

深圳海吉星于 2018 年 9 月 3 日分别对 2# 低压配电室 12#1250kVA 变压器配电系统、4# 低压配电室 6#1600kVA 变压器配电系统做了电能质量检测（电能质量检测采用 Fluke 435 II 系列电能质量和能量分析仪），出具了详细的检测及节电综合评估报告。其中，针对华控节电保护装置使用效果评估见表 4（数据仅供参考）。

表4　深圳海吉星节电技改效果技术评估

项目名称	变压器容量	负载率	预估节电率	年电费（万元）	年节电收益（万元）
2# 低压配电室	1 250kVA	28%	10.2%	2 008 440	204 861
4# 低压配电室	1 600kVA	52%	10.0%	5 695 200	569 520
合 计	2 850kVA			7 703 640	774 381

深圳海吉星一期节电技改项目：2019年3月2日，华控科技对深圳海吉星2#低压配电室12#1250kVA变压器配电系统进行节能技改，针对电压电流畸变严重、线路损耗大、谐波污染严重及三相电流不平衡等问题，对华控节电保护装置作了多次详细的技术确认及相关的整改，于2019年3月3日正式接入，2#低压配电室12#1250kVA变压器配电系统开始正常运行，验收节电率为13.5%。

深圳海吉星二期节电技改项目：2019年10月15日，华控科技对深圳海吉星4#低压配电室6#1600kVA变压器配电系统进行节能技改，正式接入后4#低压配电室6#1600kVA变压器配电系统开始正常运行。同年11月11日进行验收，综合节电率为11.93%。

深圳海吉星一期、二期节电技改工程实施现场见图6。

图6 深圳海吉星节电技改实施现场

4.3 实施效果

节电技改前后数据对比，以2#低压配电室12#1250kVA变压器配电系统为例（见表5、表6）。

表5　节电技改项目实施前电能质量情况

电能数据	最大值	平均值
电压（V）		409.9
电流（A）		500
有功功率（KW）	108.9	
视在功率（kVA）	118.3	
无功功率（kVAr）	40.9	
功率因数（COSØ）	0.92	
零序电流波形失真量（%）	167.3	
电流谐波综合畸变率（%）	20.4	
电压谐波综合畸变率（%）	1.4	

表6　节电技改项目实施后电能质量情况

电能数据	最大值	平均值
电压（V）		388.4
电流（A）		467
有功功率（KW）	97.8	
视在功率（kVA）	106.8	
无功功率（kVAr）	36.7	
功率因数（COSØ）	0.94	
零序电流波形失真量（%）	97.1	
电流谐波综合畸变率（%）	18.67	
电压谐波综合畸变率（%）	1.28	

通过华控节电保护装置安装前后的数据对比可以看出，本节能保护和降损增效升级技改方案，能够将"过压"和"欠压"加以调整，并根据生产设备的需求，使电压保持在适当的范围，既实现了节电降损，又实现了设备免遭电压过高和过低的波动危害，保护了设备和环境。调整、平衡三相电压，改善系统

中的电能质量，把优质的电能提供给用电设备，使其在最佳的模式下正常使用，稳定了电压的波动，减少了零序电流，降低了变压器和线路的铜损、铁损，延长设备使用寿命。

2# 低压配电室 12#1250kVA 变压器配电系统进行升级技改工程后，电流谐波综合畸变率大幅度下降，平均值达到 8.5%。本设备通过特殊的绕组，有效地滤除配电系统中的谐波、浪涌、瞬流等电污染，缓冲电压和电流的瞬变，从而提高电力质量和效率。从整体的电力数据来看，在满足设备正常输出的情况下，既节约了电能，又保护了设备、开关、线路、仪器仪表等，达到了节能和保护的目的。

综上所述，安装使用华控节电保护装置后，改善了原低压配电系统的用电环境，有效地提升了系统的用电效率和生产效率，使受电端电能质量从"非节电保护模式"转换为"节电保护模式"。

表7　深圳海吉星节能技改项目效益

序号	变压器容量	节电率	年用电量（kW·h）	月用电量（kW·h）	年节电量（kW·h）	年节电收益（元）	30 年节电收益（元）
2# 配电室 12# 变	1250kVA	13.50%	4 082 000	340 167	551 070	330 642	9 919 260
4# 配电室 6# 变	1600kVA	11.93%	8 467 000	705 583	1 010 113	606 068	18 182 036
合计			12 549 000	1 045 750	1 561 183	936 710	28 101 296

结合深圳海吉星两台变压器用电数据，按电价 0.60 元/kW·h，每年节电量为 1 561 183kW·h，每年产生节电效益 936 710 元，30 年总节电收益为 28 101 296 元。按每度电碳排放 0.75kg-CO_2 计算，每年减碳排量达 1 275.05t-CO_2，按 0.305 kgce/kW·h 计算，每年节约折合标准煤 486.66 吨。

图 7 深圳海吉星节电技改实施完成

4.4 案例评价

基于电磁平衡原理、柔性电磁补偿调节的节电保护技术，独创一键无缝切换市电与节电运行状态，是一种新型的电力系统节能技术。经过专家鉴定，该节电保护装置，解决了传统末端节电效果难以确定、节电功能单一、故障率高、自身电污染严重等困难，可以在不断电的情况下随时切换对比验证节电率，不影响正常生产，安全、稳定、可靠。

该技术除了在深圳海吉星节能技改项目中应用实施，还在中石化长岭分公司及茂名分公司、重庆钢铁集团、华菱湘钢、涟源钢铁、宁波钢铁、鹏鼎控股、广州广合、中国铁塔股份有限公司、东风日产、中国国药集团、广业环保集团、葛洲坝集团、美的集团、海信集团等众多用能单位实施，综合节电率在 11% 以上，不但节电效果明显，还提高了电能品质，使全部用电设备达到最佳平衡电力效果。

技术单位介绍

　　深圳市华控科技集团有限公司位于深圳市龙华区颐丰华创新产业园，公司自主研发的华控节电保护装置以提高电能质量为手段，以互联网能源及大数据平台为依托，为客户提供智慧柔性电网解决方案，提高供电电能质量，降低企业能源损耗，减少用能费用，提升产品竞争力。

　　华控节电保护装置现已拥有数十项自主知识产权，通过了CQC、CMA、CCC等国家权威质检机构对安全性和节电率等十余项内容的检测，并获得欧盟CE认证，综合节电率达7%～15%，验收合格率100%。

　　公司秉承"倡导绿色用能、助力节能增效"的发展理念，为客户量身定制节能保护整体优化方案，能够显著提高电能质量，延长生产设备使用寿命，降低设备故障率，降低用能费用。目前，公司在全国多地设有分公司、子公司、经销商等分支机构。

企业故事

　　华控集团是一家坚持自主创新的企业，凭借对节能行业不同领域不同工艺的长期深入了解，服务范围覆盖从变压器配电系统整体节能保护装置到新型电能质量治理专用设备、可再生绿色清洁能源发电设备，形成了华控集团自主的节能智慧技术体系。

　　华控集团紧跟国家节能环保战略方向，打造节能企业品牌形象，以节能保护整体解决方案为核心，致力于能源生态中电能利用的每一个用电环节，为客户定制节能增效、安全可靠的节能保护整体解决方案。它们创造先进的电力电子技术，开发更加环保、经济、高效的节能智慧技术体系，让客户能够享受到节能技术所带来的改变。

华控集团目前累计获得国内发明专利2项，实用新型专利13项，并以基于电磁平衡原理、柔性电磁补偿调节的节能保护技术入选了工信部《国家工业节能技术装备推荐目录》及《国家工业节能技术应用指南与案例》，并参与编写了《国家工业节能技术应用指南》。

2018年9月3日，华控集团分别对深圳海吉星2#低压配电室12#1250kVA变压器配电系统、4#低压配电室6#1600kVA变压器配电系统做了电能质量检测，并出具了详细的检测及节电综合评估报告。

2018年12月，双方在充分的技术交流和沟通的基础上，签订了合同能源管理节能效益分享型合同，针对深圳海吉星1600kVA（4台）、1250kVA（4台）、1000kVA（1台）变压器配电系统进行节能技改。

2019年3月2日，华控集团对深圳海吉星2#配电室12#1250kVA变压器配电系统进行节能技改。华控节电保护装置作了多次详细的技术确认及相关的整改，于2019年3月3日正式接入2#配电室12#1250kVA变压器配电系统，开始正常运行。

2019年10月15日，华控集团对深圳海吉星4#配电室6#1600kVA变压器配电系统进行节能技改，正式接入4#配电室6#1600kVA变压器配电系统，开始正常运行。

2019年3月13日至3月25日，经过双方的组织和配合，对2#低压配电室12#1250kVA变压器配电系统节电技改项目进行了验收，考虑到负载波动大、部分设备具有冲击性等负载特点，以24小时作为数据统计周期，进行节电率验收。根据测量数据，共提取有效数据4组，得出的平均节电率为13.5%。

2019年11月11日至11月15日，经过双方的组织和配合，对4#配电室6#1600kVA变压器配电系统节电技改项目进行了验收，每24小时进行市电供电和节电保护装置供电的用电量对比测试，共提取有效数据 3 组，得出的平均节电率为 11.93%。

使用效果以 2# 低压配电室 12#1250kVA 变压器配电系统为例，自华控节电保护装置从 2019 年 3 月初投入系统运行以来，设备一直稳定运行，节电效果明显，提高了供电系统电能品质，现总结如下。

（1）安装之前的市电相电压值为 236.71V，安装之后在保持功率不变的情况下稳定在 224.3V，降低了 5.24%。

（2）安装之前的市电最大运行电流为 500A，节电状态之后为 467A，降低了 6.60%。

（3）有功功率最大值为 108.9kW，节电后为 97.8kW。

（4）降低了无功功率，功率因数安装之前为 0.92，安装后在 0.94 以上。

（5）电流谐波由原来的 20.4% 降低到 18.67%，降低 1.73%。

（6）电压谐波由 1.4% 降低到 1.28%，降低 0.12%。

（7）三相不平衡度降低 4.5%。

综合以上参数，经现场验收，华控节电保护装置综合节电率可达 12% 以上，不但节电效果明显，还提高了电能品质，使全部用电设备达到最佳平衡电力效果。

效益分析如下。

（1）结合深圳海吉星两台变压器用电数据，每年节电量为 1 595 605 度，每年产生节电效益 957 363 元。

（2）每年节约折合标准煤 486.66 吨，减碳排量达 1 275.05t-CO_2。

（3）有效防止雷击、瞬流、浪涌、谐波等电污染对供电系统的损害，保护了供配电系统设备，使整个供电系统的安全性、可靠性得到极大提高。

（4）净化了电网，提高了电能质量，使用电设备处于最佳工作状态；降低了设备故障率，延长设备使用寿命；减少了检修维护成本，带来很多间接效益。

基于电磁平衡原理、柔性电磁补偿调节的节能保护技术，解决了传统末端节能节电过程中节电效果难以确定、节电功能单一、故障率高、自身电污染严重等问题，能够在不断电的情况下随时切换对比验证节电率，不影响正常生产，安全、稳定、可靠，具有较高的实用价值。

胜利油田东辛采油厂营二管理区直流母线群控供电技术应用工程

1 案例名称

胜利油田东辛采油厂营二管理区直流母线群控供电技术应用工程

2 技术单位

中石大蓝天（青岛）石油技术有限公司

3 技术简介

3.1 应用领域

适用于油田采油和煤层气井排采生产中的丛式井，及集中分布于3公里范围内3～30口油井的抽油机。

传统采油井抽油机运行的综合能耗很高。抽油机与供电变压器距离远，则线损及压降大，甚至起动困难；距离近，则井口变压器冗余容量大。本技术克服了目前众多的抽油机电控技术和管理系统配置不合理、供电线路和变压器损耗严重等缺点，既可节约网侧变压器容量，降低变压器及线路损耗，又可回收抽油机的余能。

本技术可在油田生产现场新建或利用已有的柴油发电机、煤层气发电机、燃气轮机，网电和光伏、风力发电等可再生能源，将其与采油区块群控系统相结合，燃气轮机组和光电风电机组无须逆变和并网环节，直接为群控系统直流母线供电，既降低了机组成本，又提高了系统效率。

3.2 技术原理

根据各油田现状及对油井的节能控制和智能化实时监测要求，将同一采油区块的多口油井配置基于直流母线供电的直流互馈型抽油机集群控制系统方案。根据供电距离远近，将若干口油井划分为几个采油区块，每个区块各油井电控终端通过同一直流母线统一供电，将逆变器的控制与抽油机的特殊工况及检测保护功能相结合，采用 RTU（远程终端单元）配合高性能 DSP（数字信号处理器）单片机对逆变终端及网络通信进行统一控制和管理。

基于各油田采油区块多台抽油机集中分布的特点和群体优势，采用同一网侧整流滤波器，通过公共直流母线，为多台抽油机变频控制终端供电的抽油机区块直流互馈型变频群控配置组态，既有利于降低网侧电流谐波污染及提高功率因数，又可以大幅度降低系统造价。

采用直流母线上各电控终端之间的倒发电能流互馈共享及分时群控策略，使各抽油机的倒发电馈能得以充分共享和循环利用，并避免倒发电能量馈入电网和倒灌冲激。

通过公共直流母线，使同一变压器和网侧整流器冗余容量为多台抽油机变频电控终端所共享，从而既降低了变压器冗余容量，又减少了电控终端的电源连线。

采用油井抽油机的冲次调节和井间协调优化群控策略，通过上位机与各井口逆变终端的网络化通信监控系统，可以根据油井工况和煤层气井下排水采气压力的分布规划要求，随时发布命令，实现抽油机冲次的平滑调节和井间排采协调群控。

本系统在利用新能源方面具有很强的可扩展性。系统本身就是一个简单的直流微电网，特别适合配接与扩展风、光、柴、储等，实现分布式发电和与网电组成多能互补供电。直流母线上不仅便于接入多种微源，而且还可以扩展接入现场多种其他电气负荷，比如超声波换能器等。而各种传统电控技术要配接新能源，几乎需要完全更换新能源设备，成本大幅度增加。

通过风、光、储、网电等多能互补控制构成直流微电网，为多个抽油机电控终端供电，充分发挥直流供电的优点和多抽油机的群体优势。各抽油机冲次根据采油工况优化调节，通过无线通信实现集群井间协调和监控管理，使各抽油机的倒发电馈能通过直流母线互馈共享、循环利用，既提高能效，又降低谐波。多能互补直流微电网抽油机节能群控系统如图1所示。

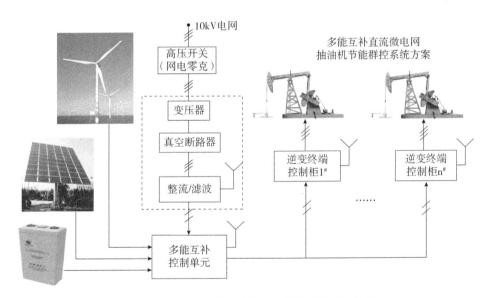

图1 多能互补直流微电网抽油机节能群控系统示意

直流母线既可以由电网经过特定的整流滤波装置集中供电，实现高功率因数和低谐波污染，又可以由风力、光伏等可再生新能源构成直流微电网供电，实现风、光、储、网电等多能互补，优化利用，且降低供电变压器容量、台数和成本造价，降低抽油机的耗电量，达到节能增效目的。

3.3 关键技术及创新点

（1）直流母线避峰填谷的群控技术。采用直流母线的群控技术，实现多台抽油机的分时最佳软启动控制，避免多台抽油机同时启动对电网造成的冲击和电压跌落；进行智能化寻优控制，避开多口油井大电流的峰值叠加，互相避峰填谷，大幅度降低母线电流，减少变压器数量，同时也降低了由于反馈能量带来的变压器损耗。

（2）网络通信与终端控制融合技术。将现代网络化通信管理方式与油井群控配置组态相结合，通过监控中心来完成对各油井电控终端和网电整流器的群组协调和监控管理，完成油井巡检、电能计量，绘制曲线和示功图，下达指令和网络信息发布等功能。在各油井电控终端，将数据采集及网络通信模块和终端控制与保护功能集于一体，由同一套高性能单片机硬、软件系统统一协调控制，可以大幅度提升油井自动化控制水平。

（3）直流输配电技术。采用直流输电系统降低线路损耗。直流电不存在交流电所具有的电压与电流的相位差，因而直流输电线路不存在无功电流损耗。另外，直流电也不存在电磁场交变引起的电磁感应损耗、集肤效应，线路绝缘要求较低。直流输电线路压降小，电能损耗减小。就相同距离和电压等级的输电线路而言，直流输电容量约为交流输电容量的2倍。

（4）馈能循环共享调控技术。各抽油机变频控制终端一方面通过共享直流母线来分时汲取电能，另一方面，当各抽油机电机分时进入倒发电状态时，其输送到直流侧的电力为同一母线上的其他变频终端所共享。对各抽油机来说，无论是电动还是倒发电工作状态，都能通过调节其运行冲次来调整工作状态，这样可以使不平衡馈能在各抽油机变频终端之间通过直流母线实现分时能流互馈，实现多台抽油机倒发电能量的互馈共享和循环利用，从而有效解决抽油机倒发电馈能的充分利用问题，大幅度提高系统节能效益。

（5）结合抽油机载荷的周期性急剧变化特点，提出一种抽油机负载动态跟踪调压节能优化控制算法，提高抽油机驱动电机的效率和功率因数。通过检测抽油机的当前负载状况和上、下冲程位置，经过智能化统计分析判断，实现对上、下冲程频率的优化并分别自动调节，从而改善生产工艺和系统效率，进一步提高油井产液量和降低生产耗电量。

（6）采用独特的SWM（采样步态匹配）控制技术，实现了QSPWM（准正弦脉宽调制）分段同步调制方式，既提高直流侧电压的利用率，又保证具有较好的输出波形，并且有效地解决了相邻频段之间的平稳切换问题。

（7）采用简单独特的异步调制实现方法。根据DSP单片机及内置PWM波形发生器机制和设定的异步调制载波频率、频率分辨率，选择适当的正弦波采样点数，仅仅通过对存储的调制系数表和正弦表快速查表，配合简单的加法和移位运算，就可以实现异步调制。具有占用存储空间小、运算简单、占用CPU时间少、输出频率准确、可在任意相位改变频率、频率切换过渡平滑等优点。

3.4　技术先进性及指标

（1）通过倒发电循环利用，抽油机馈能共享，系统综合节能15%～30%。

（2）智能变参数运行，根据供排平衡实时优化参数。

（3）通过多台抽油机分时优化、协调群控，避免大电流峰值叠加，错峰填谷，将分散的变压器冗余容量集中共享，可以降低变压器总容量约65%，台数减少90%以上。

（4）降低网侧谐波污染，功率因数达0.98以上，节省无功补偿设备投资。

（5）采用直流母线群控供电系统，利用新能源风、光、储、网电多能互补供电，倒发电无须并网逆变环节，降低了建设成本和供电损耗，提高了系统效率。

4 典型案例

4.1 案例概况

中国石油化工集团胜利油田分公司东辛采油厂营 26 断块油井电源引自 10kV 营 47 线。10kV 营 47 线电源引自 35kV 东辛变电站和 35kV 辛七变电站，变电所出口为架空线路，线路长度 11.86km，杆基数 181 基，导线型号为 JL/G1A-120 型。线路上所带配电变压器 83 台，总安装容量为 4 295kVA，携带油井 73 口。

营 26 断块井场多采用"一井一变"供电模式，在该供电模式下，为满足油井电气启动要求，单井变压器容量一般都较大，负载率较低，造成变压器运行能效较低、用电系统能耗较高。营 26 断块井场抽油机（除电泵井）供电明细如表 1 所示。

表1　营26断块井场抽油机（除电泵井）供电明细

序号	所属单位	井号	电机功率/用电电压	变压器型号	使用控制柜类型
1	营 47 站	DXY47X32	22kW/380V	S11-30/6	变频柜
2	营 47 站	DXY451X11	22kW/380V	S11-30/6	变频柜
3	营 47 站	DXY47-5	30kW/380V	S11-50/6	普通柜
4	营 47 站	DXY451P7	37kW/380V		普通柜
5	营 47 站	DXY47P2	37kW/380V	S11-50/6	普通柜
6	营 47 站	DXY47X27	22kW/380V	S11-50/6	普通柜
7	营 47 站	DXY47X28	30kW/380V		变频柜
8	营 47 站	DXY47X31	30kW/380V	S11-50/6	变频柜
9	营 47 站	DXY451P19	30kW/380V		变频柜
10	营 47 站	DXY52X6	37kW/380V	S11-30/6	普通柜
11	营 47 站	DXY52X7	30kW/380V	S11-50/6	变频柜
12	营 47 站	DXY451P10	22kW/380V		普通柜
13	营 47 站	DXY47P22	30kW/380V	S11-50/6	变频柜
14	营 47 站	DXY451P24	22kW/380V	S11-30/6	变频柜

序号	所属单位	井号	电机功率 / 用电电压	变压器型号	使用控制柜类型
15	营 47 站	DXY451P26	30kW/380V	S11-50/6	变频柜
16	营 47 站	DXY451P27	30kW/380V		普通柜
17	营 451P1 站	DXY45X3	18.5kW/380V	S11-50/6	变频柜
18	营 451P1 站	DXY47X9	30kW/380V		变频柜
19	营 451P1 站	DXY45X9	22kW/380V	S11-30/6	变频柜
20	营 451P1 站	DXY47X17	37kW/380V	S11-50/6	变频柜
21	营 451P1 站	DXY47X18	30kW/380V	S11-50/6	变频柜
22	营 451P1 站	DXY47X24	22kW/380V	S11-30/6	变频柜
23	营 451P1 站	DXY1X58	30kW/380V	S11-50/6	普通柜
24	营 451P1 站	DXY451P2	22kW/1140V	S9-50/6	1140V 高压
25	营 451P1 站	DXY451P3	22kW/1140V		1140V 高压
26	营 451P1 站	DXY451P4B	30kW/380V	S11-50/6	变频柜
27	营 451P1 站	DXY451P5	37kW/380V	S11-30/6	普通柜
28	营 451P1 站	DXY451P6	30kW/380V	S11-50/6	普通柜
29	营 451P1 站	DXY451P8	30kW/380V		普通柜
30	营 451P1 站	DXY13X146	30kW/380V	S11-30/6	变频柜
31	营 451P1 站	DXY13X147	37kW/380V	S11-50/6	变频柜
32	营 26 断块站	DXY451X12	30kW/380V	S11-50/6	变频柜
33	营 26 断块站	DXY45X13	37kW/380V	S11-30/6	普通柜
34	营 26 断块站	DXY47-8	30kW/380V	S11-50/6	普通柜
35	营 26 断块站	DXY47C6	22kW/380V	S11-50/6	普通柜
36	营 26 断块站	DXY451P11	22kW/380V		普通柜
37	营 26 断块站	DXY47X21	22kW/380V	S11-30/6	普通柜
38	营 26 断块站	DXY47X25	37kW/380V	S11-50/6	变频柜
39	营 26 断块站	DXY47X26	22kW/380V		普通柜
40	营 26 断块站	DXY52X8	22kW/380V	S11-30/6	普通柜
41	营 26 断块站	DXY52X11	30kW/380V	S11-50/6	普通柜
42	营 26 断块站	DXY451P9	55kW/380V	S11-50/6	普通柜
43	营 26 断块站	DXY451P15B	37kW/380V	S11-30/6(2 台)	普通柜

序号	所属单位	井号	电机功率 / 用电电压	变压器型号	使用控制柜类型
44	营 26 断块站	DXY451P12	30kW/380V	S11–30/6	普通柜
45	营 26 断块站	DXY451P13	30kW/380V	S11–30/6	普通柜
46	营 26 断块站	DXY451P16	22kW/380V	S11–30/6	变频柜

（1）现状分析。

①油井变压器平均负载率低，"大马拉小车"现象突出。受抽油机启动负载大、运行负载低特点影响，油井变压器容量选择一般偏大。根据有关测试资料统计，胜利油田油井配电变压器的平均负载率不足 35%，油井变压器容量费支出较大。

②油井电机功率因数低，配电线路损耗高。油井在线变压器数量多，电动机负载分散且负载率低，系统功率因数低，无功补偿效果差，配电损耗高。

③油井配电线路电气设施多，维护工作量大。营 47 线一井一变的供电方式造成配电线路呈树枝状辐射，支线长，线路上配电变压器、令克开关接点多，维护工作量大，管理不方便。

④油井变频调速应用多，网侧电能质量差。随着油田的滚动开发，低产低液油井不断增多，油井变频调速应用逐渐增多。低压变频器在节能的同时，谐波对网侧电能质量的影响越来越大，造成网侧电能质量变差。

（2）升级改造必要性分析。

①油田节能发展的需要。陆上油田特别是老油田的油井生产多采用电动机拖动机械采油的方式，在原油生产五大系统中，机采系统耗电占原油生产总耗电量的 50% ~ 60%，是油田电能消耗的主要环节。

为了满足油田控制成本和实现可持续发展的要求，油井节能技术日新月异，而油井主要能耗是电能消耗，因此机采系统用电设备成为节能改造的重点。本次工程即针对机采系统配电方式进行改造。

②油井供配电系统精细化管理的需要。针对变压器负载率低、线路损耗高、

维护工作量大以及变频带来的谐波污染等问题，做好油田供用电精细管理，节电降耗，提高供电可靠性的工作，须对油田供配电系统进行优化改造。

③机采系统经济运行的需要。采用油井集中控制配电方式改造后，油井配电变压器负载率及功率因数明显提高，在用变压器台数减少，总容量显著降低，油井配电线路损耗也有较大幅度降低。

4.2 实施方案

营 26 断块 29 口油井设置 3 个集控单元（DXY47X21 井由于和其他井相对距离较远，所以不在本次设计集控单元范围内），设置容量为 100kVA 的 S13 型变压器 2 台、容量为 160kVA 的 S13 型变压器 1 台。新建集控单元整流柜 3 台，油井专用逆变柜 29 台，分线箱 8 台。

区块 1 改造方案涉及油井 8 口，负荷计算见表 2。

表2　区块1负荷计算情况

序号	设备名称	设备功率（kW/台）	电压等级（V）	数量（台）	需要系数	功率因数	计算功率（kW）	视在功率（kVA）	负荷等级
1	油井	22	380	3	0.25	0.90	16.5	18.33	三级
2	油井	30	380	3	0.25	0.90	22.5	25	三级
3	油井	37	380	1	0.25	0.90	9.25	10.28	三级
4	油井	55	380	1	0.25	0.90	13.75	15.28	三级
小计				8			62	68.89	
合计（Kp=0.9 Kq=0.95）	Pjs=55.8kW　　Sjs=62.67kVA								

在区块 1 的 A1 位置处新建 100kVA 变压器 1 台、集控单元整流柜 1 台，在 B11、B12 位置处各设分线箱 1 台。每口井旁设逆变器柜 1 台。变压器至整流柜采用 YJLV22–0.6/1kV 3×95+1×50 型电力电缆，整流柜至分线箱 B11、B12 采用 YJLV22–0.6/1kV 3×70 型电力电缆，分线箱至监控杆采用 YJV22–0.6/1kV 3×2.5 型电力电缆，分线箱至逆变器柜、逆变器柜至油井的电缆全部利旧。区

块 1 改造后井场配电示意见图 2。

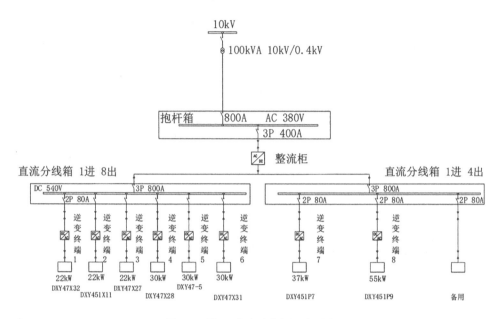

图 2　区块 1 改造后井场配电示意

区块 2 改造方案涉及油井 14 口，负荷计算见表 3。

表3　区块2负荷计算情况

序号	设备名称	设备功率（kW/台）	电压等级	数量（台）	需要系数	功率因数	计算功率（kW）	视在功率（kVA）	负荷等级
1	油井	22	380	4	0.25	0.90	22	24.44	三级
2	油井	30	380	6	0.25	0.90	45	50	三级
3	油井	37	380	4	0.25	0.90	37	41.11	三级
小计				14			104	115.55	
合计（Kp=0.9 Kq=0.95）		Pjs=93.6kW　Sjs=104.93kVA							

在区块 2 的 A2 位置处新建 160kVA 变压器 1 台、集控单元整流柜 1 台，在 B21、B22、B23、B24 位置处各设分线箱 1 台。每口井旁设逆变器柜 1 台。变压

器至整流柜采用 YJLV22-0.6/1kV 3×185+1×120 型电力电缆，整流柜至分线箱采用 YJLV22-0.6/1kV 3×70 型电力电缆，分线箱至监控杆采用 YJV22-0.6/1kV 3×2.5 型电力电缆，分线箱至逆变器柜、逆变器柜至油井的电缆全部利旧。区块 2 改造后井场配电示意见图 3。

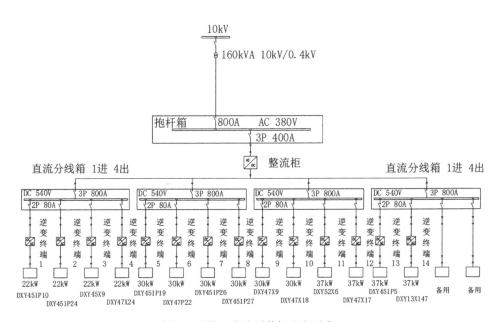

图 3　区块 2 改造后井场配电示意

区块 3 改造方案涉及油井 7 口，负荷计算见表 4。

表4　区块3负荷计算情况

序号	设备名称	设备功率（kW/台）	电压等级	数量（台）	需要系数	功率因数	计算功率（kW）	视在功率（kVA）	负荷等级
1	油井	18.5	380	1	0.25	0.90	4.63	5.14	三级
2	油井	22	380	1	0.25	0.90	5.5	6.11	三级
3	油井	30	380	3	0.25	0.90	22.5	25	三级
4	油井	37	380	2	0.25	0.90	18.5	20.56	三级
小计				7			51.13	56.81	
合计（Kp=0.9 Kq=0.95）	Pjs=46.02kW　Sjs=51.68kVA								

在区块 3 的 A3 位置处新建 100kVA 变压器 1 台、集控单元整流柜 1 台，在 B31、B32 位置处各设分线箱 1 台。每口井旁设逆变器柜 1 台。变压器至整流柜采用 YJLV22–0.6/1kV 3×95+1×50 型电力电缆，整流柜至分线箱采用 YJLV22–0.6/1kV 3×70 型电力电缆，分线箱至监控杆采用 YJV22–0.6/1kV 3×2.5 型电力电缆，分线箱至逆变器柜、逆变器柜至油井的电缆全部利旧。区块 3 改造后井场配电示意见图 4。

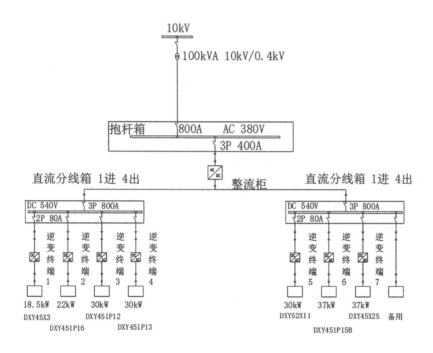

图 4　区块 3 改造后井场配电示意

4.3　实施效果

改造后经实地测量，有功电量日均下降 814kW·h，无功电量日均下降 2 144.36kW·h，同时减少变压器容量 510kVA。根据实际运行数据测量，该工程实施后可实现年节约电能 39.4 万 kW·h，按企业平均电价 0.7 元/kW·h 计算，年节省电费：39.4 万 kW·h×0.7 元/kW·h=27.58 万元；年节约标煤：39.4 万

$kW \cdot h \times 0.305kgce/kW \cdot h=120.2tce$；减少 CO_2 排放：$120.2tce/a \times 2.46tCO_2/tce=295.6t/a$。

4.4 案例评价

（1）案例采用直流母线的群控技术和倒发电循环共享调控技术等，充分利用了抽油机的余能发电，大幅减少了系统用能和变压器等设备投资。

（2）该技术改变了传统抽油机井的供配电方式，实现了油井参数连续微调的目的，可节约人工成本。

（3）安全可靠性高，能够有效降低抽油机配电及驱动电机容量，可实现变压器的梯次利用。

（4）系统采用直流母线统一供电。直流母线电能无法直接用于家庭和农业生产，也无法通过变压器变压，该技术可以有效防止盗电现象带来的额外损失。

（5）本系统装置的规模化生产需要大量的机箱钣金、电路板、电线电缆等各种器材、器件，对于这些相关产业的发展具有直接的拉动作用。

中石大蓝天（青岛）石油技术有限公司由中国石油大学（华东）原国有独资公司青岛中石大控股有限公司和中国石油大学（华东）部分教授共同投资成立。公司是集科技研发、生产销售、工程设计、工程实施、综合能源管理服务于一体的高新技术企业，致力于油气勘探开发、人工智能、节能减排、能源互联网等领域的技术成果转化和技术服务。

公司现有中国工程院院士高级顾问 1 名，博士 6 名，硕士 6 名，设有青岛市直流微电网群控专家工作站。目前已获得国际发明专利 3 项、国家发明专利 8 项、国家实用新型专利 31 项、国家软件著作权 15 项。

公司先后通过 ISO9001 质量管理体系、ISO14001 环境管理体系、OHSAS18001

职业健康管理体系、售后服务评价体系、社会责任管理体系等认证，并获得高新技术企业、人才创业明星企业、青岛市专精特新企业、青岛市诚信企业、明日之星企业、股权挂牌企业等荣誉称号，2019 年获得中国民用航空华东"民用无人机驾驶航空器经营许可"，2021 年被列为"山东民营企业创新潜力 100强""山东省瞪羚企业"和"山东省专精特新企业"，2022 年荣获"青岛民营领军标杆企业"。同时，公司承接了中国石油大学（华东）、山东石油化工学院、青岛黄海学院等高校实习实训基地。

公司围绕油气勘探开发、油气储运、石油化工、石油装备、环境工程及新材料等领域开展了重点研发与技术攻关，科研成果已成功转化并应用于中石油大庆油田、华北油田、冀东油田、西南油气田，中石化胜利油田、中原油田、江苏油田、西北油田、华东油气田等企业。

企业致力于油田机械采油系统智能化和节能技术领域的技术开发，合作引进的多能互补直流微电网及抽油机群控节能技术，在推广应用中得到持续提升。

2006 年 12 月，中国石油大学信控学院张加胜教授首次提出直流母线群控技术方案，成功申报山东省科技攻关技术项目：抽油机区块变频群控配置组态的研究与系统开发。

2007 年 6 月，按照山东省科技攻关项目要求，需要结合企业实施，所以该省级项目与中石化胜利油田分公司河口采油厂合作，通过研发使该技术在河口采油厂实施"一拖三"抽油机群控系统试验区块。

2007 年 10 月至 2008 年 8 月，与中石化中原油田合作，实施"一拖六"抽油机节能群控系统试验区块。

2009 年 12 月，主持申报立项中央高校科研业务专项资金资助（中国石油大学自主创新科研计划项目，节能减排科技专项），基于风—网电互补直流供电的油井节能群控系统研发。

2010 年 11 月,主持申报立项山东省科技发展计划项目,基于井下液位跟踪和风—网电互补直流供电的油井节能群控系统研发。

2011 年,按照山东省科技发展计划项目要求,结合该省级项目要求,再次与中石化胜利油田分公司河口采油厂合作,通过研发使该技术在河口采油厂实施"一拖四"直流母线油井节能群控系统产品应用区块。并合作申报成功专利"基于直流母线的抽油机井群控系统"。

2012 年,与河口区山东胜利通海集团东营天蓝节能科技公司签署合同,为该公司提供 30 口油井的群控装置,以促进推广应用。

2013 年,与中石化中原油田合作,实施两个直流互馈型抽油机节能群控系统推广应用区块。

2013 年,两次与江汉油田清河采油厂合作实施直流互馈型抽油机节能群控系统,推广应用 3 个区块 28 口油井。

2013 年 12 月,相继逐项递进申报立项山东省科技发展计划项目:基于直流母线供电的煤层气井排采群控系统研发。

2014 年,张加胜教授与河口区山东胜利通海集团天蓝节能科技公司签署《油井节能群控系统技术合作协议》,技术许可并扶持该公司完成生产推广直流母线群控系统装置。

2013—2014 年,四个省部级项目分别通过中国石化胜利油田分公司多个采油厂、中原油田采油工程研究院及多个采油厂和江汉油田清河采油厂,合作完成多项技术开发项目并实施,并获得如下鉴定奖励成果(均排名第一)。

(1)山东省科技成果鉴定(鲁科成鉴字〔2013〕第 627 号):直流互馈型抽油机节能群控系统。

(2)直流互馈型抽油机节能群控系统,中国石油和化学工业科技进步三等奖(2014JBR0031-3-1)。

(3)直流互馈型抽油机节能群控系统,东营市科技进步二等奖(JB2014-JF-

贰 –12–1)。

（4）基于直流母线供电的煤层气井排采群控系统研发（编号：2013GSF11607）。山东省科技发展计划，2016 年验收，已获得验收证书，科技成果收录证书。

2012—2014 年，中石大蓝天公司与张加胜教授多次技术交流，进行实质性座谈和技术合作，特聘张加胜教授为本公司技术专家。

2014 年，直流母线群控项目与胜利油田四化项目部举行技术交流并运行对接。

2015 年，直流母线群控项目与四化项目部合作，在鲁胜鲁升管理区落地，采用 1 台 100kVA 变压器带 11 口油井。

2016 年，直流母线群控项目与四化项目部产品在胜利油田管理局技术监督节能处项目对接能效倍增技术推广，能源监测中心进行了油井直流母线群控供电项目实施前后能效对比测试，得到胜利油田节能处的认可，当年得以推广到东辛采油厂、新春采油厂、胜利油田鲁胜石油开发有限责任公司、胜利油田东胜精攻石油开发集团股份有限公司。

2017 年 5 月 19 日，在管理局机关 8 号楼 308 会议室召开直流母线群控技术交流，由胜利油田分公司投资发展处冯来田主持，技术监督处宋鑫、四化项目部、技术检测中心、石油工程设计院、东辛采油厂、鲁胜公司、电力管理总公司参与交流。6 月 13 日，经胜利油田技术监督处推广，安装该技术的采油厂有：胜利采油厂、孤东采油厂、东胜公司、东辛采油厂、鲁胜公司、新春采油厂。

2018 年，中石大蓝天公司特聘张加胜教授为技术总工程师，对产品进行技术提升，研发 660V/1140V 中压直流母线群控产品。首次研发成功 1140V 中压直流母线抽油机节能群控系统，分两次为中原油田配套运行两个 1140V 中压区块 10 口油井。在胜利油田应用永安管理区永 8 区块直流母线项目、营一 DX126 区块直流母线项目、营 926 区块、营一侧 924 区块、永安 560 区块、盐家管理区盐 182 区块、永安 920 区块、永安 925 区块。

2019 年，在胜利油田应用辛一管理区多源微电网直流母线改造项目、营一管理区营 922X8（新井）直流母线项目、营二管理区营 91 井组直流母线项目、辛二管理区 109 区块直流母线项目。

2019 年，中石大蓝天在工业和信息化部推广交流该技术，该技术成功入选《国家工业节能技术装备推荐目录（2019）》。

2020 年 5 月，在胜利石油管理局领导的支持下，生产运行管理中心与公司协商，专门成立技术研讨小组，撰写了中国石化胜利油田科技推广应用研究报告《多能互补直流微网群控关键技术与示范区建设问题研究》《多能互补直流微网群控系统示范区建设方案》和《多能互补直流微网群控技术简介》，并组织立项，专门在东辛采油厂建立了新能源多能互补直流微网群控系统示范区。

2020 年 12 月，国家发展改革委办公厅、科技部办公厅、工业和信息化部办公厅、自然资源部办公厅联合印发《绿色技术推广目录（2020 年）》，加快先进绿色技术推广应用，为实现"碳达峰、碳中和"目标提供技术支援。中石大蓝天（青岛）石油技术有限公司的直流微电网群控技术被列入该推广目录。

技术应用单位说

胜利油田东辛采油厂营二管理区采用直流母线群控供电技术对原油井的配电系统进行改造，充分利用了抽油机倒发电量，减少了变压器数量，降低了变压器和输电线路损耗，工作稳定可靠、高效节能。

（1）1140V 供电损耗小、供电距离远。对油井的配电电压等级由 380V 提高到 1140V，在同样负载下，电流将减小到原来的 1/3，线路损耗下降到原来的 1/9。在控制电压降幅不超过 7%、损耗率不超过 5% 的前提下，可以对 1.4km 范围以内的油井采用 1140V 电压等级供电。

（2）供配电网经济运行。抽油机设备的负荷呈现周期性不均匀动态变化，设备在一个工作周期内有一半时间处于重载状态，一半时间处于轻载状态。如果抽油机的平衡状态调整不好，电动机在欠负荷状态下还将处于发电状态，这时感性设备的无功损耗将大幅增加，造成电动机运行功率因数偏低。由于每口油井的冲速、冲程和负载大小不同，该项目通过控制使多口油井负荷的峰、谷互相交错，相互叠加后的负荷曲线趋于平缓，很少出现所有油井负荷同时达到峰值或谷值的情况，油井越多，总负荷波动越小。因此，对半径1.4km内分布较集中的10～20口油井，由原来单井变压器供电改为用1台大容量低压侧电压为1140V的节能型变压器供电，可以减小变压器容量裕度，提高变压器的负载率至70%以上，降低损耗。由于负载率提高，变压器低压侧容易实现无功的动态补偿，有效降低高压配电线路的无功损耗，实现供配电网的经济运行。

对无功补偿电容的投切控制方式，常规做法是检测功率因数的变化来控制电容的投切，这种方式对负载变化频度低的用户比较适合；对负载变化频度高的油井负载，通过检测无功功率或无功电流的变化值控制电容的投切，功率因数均可以保持在0.9以上。

（3）消除隐患，提高供电可靠性和稳定性。集中控制供电方式的实施，可以减少变压器和高压线路分支等配电设施，减少线路故障点，降低事故率；可靠电气元件的应用、配电设施安全等级的提高、油井专用电缆的深埋敷设，可以有效改善生产环境，消除电气隐患，防止私拉乱接，提高供电可靠性。

理论上，抽油机在生产运行时应保持在高效率状态，但由于井下生产状态的不断变化、设备配备及运行维护等原因，机采系统效率降低，有时抽油机系统运行中处于发电状态，这种反电势通过配电变压器反送到电网，不但污染电网，也会造成能源的浪费。采用集中控制供电后，个别油井的反电势可以在集控装置的母线上与其他油井负荷进行交换而不需要通过配电变压器与上级电网交流，故能提高电网稳定性。

（4）降低谐波污染。本系统可以大幅度降低网侧谐波污染，而且方便进行集中谐波治理，避免了大规模应用变频器对电网公共环境产生的谐波污染问题，符合各油田企业"绿企"创建行动计划精神。

中石化东辛采油厂在实施直流母线群控供电技术改造后，变压器由原来的24台减少为3台，总容量由940kVA减少到360kVA，功率因数由0.46提升到0.99，日耗电减少1/4，降低了配电变压器容量及其损耗，节能降耗效果非常明显。

东莞华为云团泊洼数据中心 T1 栋 预制模块化应用

1 案例名称

东莞华为云团泊洼数据中心 T1 栋预制模块化应用

2 技术单位

华为数字能源技术有限公司

3 技术简介

3.1 应用领域

随着预制模块化理念的成熟及模块化数据中心的发展，预制模块化建筑技术与模块化数据中心深度融合，预制模块化数据中心的可靠性及使用体验大幅提升。预制模块化数据中心呈现主体结构建筑化，空间及内外使用体验楼宇化，IT、温控、配电及辅助区域、功能区域全模块化、标准化、扩容模块化等趋势，实现高等级、多楼层、大规模集群应用。

随着国家及各省市地区密集输出关于绿色数据中心建设的指导意见和要求，相比于传统数据中心，预制模块化数据中心在绿色低碳节能方面的优势日益彰显，其应用越来越广泛。同时，随着数字技术、通信技术和 AI 技术的创新应用不断增多，预制模块化数据中心走向智能化和全生命周期数字化，在节能新技术运用、运营、维护、扩容方面都朝着更优的方向发展。

预制模块化数据中心将预制建筑技术与模块化数据中心技术深度融合，改变传统数据中心建设方式，利用乐高式模块堆叠方式快速建设数据中心，可以大幅缩减工期。该方案适用于电信、ISP、金融、能源、媒资、交通、教育、医疗、制造等行业新建数据中心场景。

3.2 技术原理

预制模块化数据中心基础设施解决方案将模块化数据中心技术与预制建筑技术相结合，采用全模块化设计，将高效节能子系统集成在一定尺寸的箱体模块内，箱体模块工厂预制预调试；箱体模块运到现场后，采用乐高积木搭建理念，将箱体模块堆叠拼接从而建成数据中心，最大化减少现场工作，支持快速建设极简、绿色、智能、安全的预制模块化数据中心。

其技术实现工艺流程：图纸设计、BIM 三维建模、模块工厂预制与预调测，同步现场土建施工、模块公路 / 海路运输到站点现场、模块吊装、拼接与密封、内部安装（如线缆、服务器等），同步幕墙屋顶安装、联调以及验收。

其中，各预制模块在工厂预制生产过程中应遵循严格的工序工艺要求，保障可靠质量。以 IT 模块为例，其生产工序如图 1 所示。

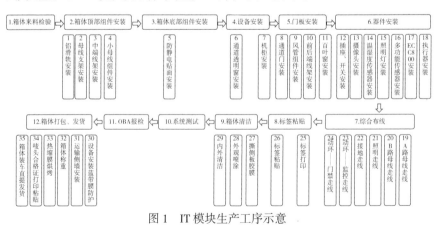

图 1　IT 模块生产工序示意

3.3 关键技术及创新点

关键技术：模块化数据中心与预制建筑融合技术、磐石架构建筑结构技术、在线功率弹性翻倍升级技术、数据中心单元水平扩容技术、数据中心整层垂直扩容技术、风墙冷却技术、高效模块化 UPS（交流不间断电源）技术、融合电力模块技术、智能微模块数据中心技术、数据中心 AI（人工智能）能效优化技术。

技术创新点如下。

（1）创新性地将预制装配式建筑技术与模块化数据中心技术相融合，现场土建与模块工厂生产同时进行，上线交付时间缩短 50% 以上，施工用水和用电减少 80% 以上。

（2）一层一个数据中心，支持在线单柜功率密度弹性翻倍，支持整层垂直扩容，随需而建。

（3）采用独有磐石架构建筑结构技术（专利号 ZL201921123573.8），创新性地将预制叠箱架构与框架—支撑钢结构相融合，支持 5 层堆叠、9 度抗震、12 级抗风。

3.4 技术先进性及指标

本方案采用模块化设计，乐高积木搭建理念，最大化减少现场工作，支持分期部署、按需扩容，有效缩短产品上市周期 50% 以上，减少初投资 16%，可提前投资回报率 1 ~ 2 年，提升内部收益率 2% 以上，同时施工用水、用电降低 80% 以上。内蒙古及相似环境区域电能利用率可低至 1.15，华北区域 1.2，华南区域低于 1.3。目前该技术已成熟，且多个数据中心已有应用案例，推广前景良好，具有显著的节能潜力。

4 典型案例

4.1 案例概况

项目含 1 栋机房主楼、1 座油机钢平台、1 座冷机钢平台。机房主楼采用预制模块化建设方式，由 189 个预制模块拼接而成，建筑面积 5 950 平方米，五层堆叠，主建筑高度不超过 24 米，可容纳 1 000 个 IT 机柜，IT 负载约 8MW，年均电能利用率达 1.28。

4.2 实施方案

机房主楼采用 4.15 米高预制模块，其中 IT 模块、供电模块、电池模块、水力模块、走廊模块、楼梯模块均在工厂预制预测试。供配电系统，采用一体化电力模块解决方案，实现一列一路电，端到端效率高达 95.5%，华为模块化 UPS，在常用负载率段（20% ~ 50%），通过功率模块休眠技术确保 UPS 始终运行在最佳效率区间。温控系统，机房采用行级空调近端制冷方式，温控设备简单高效，通过高效风机、湿膜加湿等功能提高能效。机房侧，采用模块化数据中心解决方案，实现冷热通道隔离，提升换热效率。

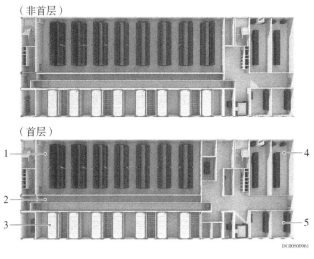

图 2 模块化数据中心机房布置

项目于 2018 年 9 月开始施工，于 2019 年 3 月安装调试完毕后开始试运行。项目建设主要有以下流程：图纸设计、BIM 三维建模、模块工厂预制与预调测、同步现场土建施工、模块公路运输到站点现场、模块吊装、拼接与密封、内部安装（如线缆、服务器等），同步幕墙屋顶安装、联调及验收。

4.3 实施效果

数据中心落成后外观及内部体验等同于传统土建建筑，其抗震、抗风、耐火等性能满足国家及当地相关设计规范要求。

数据中心模块化建设过程见图 3 至图 6。

图 3　模块工厂预制

图 4　首箱吊装

图 5　最后一箱吊装

图 6　屋顶施工

预制模块化建筑与数据中心的内部实景见图 7 到图 9。

图 7　内部走廊

图8　机房实景

图9　配电间实景

本项目数据中心机房划分为 B 级机房，共设置 982 个机柜。IT 设备实际总负载 8 150kW，等级 Tier3，平均功率密度约 8.3kW/ 机柜。年使用天数为 365 天，每天使用时间为 24h，同时系数取 0.8，年平均有功负荷系数取 0.75。IT 设备年用电量为：8 150/10 000 × 365 × 24 × 0.8 × 0.75=4 283.6 万 kW·h。

东莞传统数据中心 PUE1.65，东莞 T1 数据中心 PUE1.28，年均节电4 283.6 ×（1.65−1.28）=1 584 万 kW·h。

4.4 案例评价

东莞华为云团泊洼数据中心 T1 楼采用预制模块化的建设理念，实现工程产品化，完成数据中心建设、运营、回收的绿色重构，应用的节能手段包括数字化赋能建设、AI 能效优化、高效适用的制冷系统、高效节能设备、绿色建设和材料回收等，实现数据中心全生命周期高效节能。

华为是全球领先的 ICT（信息与通信）基础设施和智能终端提供商，致力于把数字世界带给每个人、每个家庭、每个组织，构建万物互联的智能世界。

华为数字能源产品立足通信技术（CT）、信息技术（IT）和可再生能源领域，提供包括通信能源、数据中心能源、太阳能逆变器等全系列产品与解决方案，围绕客户需求，创新性地提出比特管理瓦特理念，将电力电子技术与数字信息技术、网络通信技术和物联网技术融合，提供可靠、高效、简单、智能的网络化能源解决方案。

这是一个关于华为人连接全世界的梦想。华为工程师们要在六个月内在粤港澳大湾区的核心地带建设一个 8 000 机柜规模的华为云数据中心核心信息节点，它将覆盖粤港澳地区的 6 000 万人口。项目首期要求在 6 个月建设并运行 1 000 个机柜，而建设同等规模的楼宇最短也需 12 个月，如此短的交付时间及苛刻的建筑质量要求，对于施工设计阶段的设计团队来说，是个巨大的考验。

经过缜密的评估，华为设计师们将目光聚焦在已成熟的预制模块化建筑技术上，决定将数据中心的供配电、制冷、消防、综合布线、智能管理等子系统预集成在箱体内，同时经过科学的计算仿真和严格的测试，为数据中心定制了适当的集装箱型。通过定制加强框架立柱，强化箱体连接和角件，保障箱体之间的稳固连接，达成箱体集群的抗震抗风性能；与国际权威 UL 实验室合作，通过箱体钢材的特殊选型及箱体钢材表面的特殊防腐蚀用漆工艺，使得定制箱体满足使用环境下的防腐蚀要求；通过定制耐火涂料、防火板、墙间防火岩棉的使用，保障数据中心各功能区间隔的耐火要求；考虑设计箱体拼接后的拼缝封堵工艺，让数据中心满足在雨水风尘环境下使用防护要求，保障机房设备运行环境；设计科学、精密、高效的现场拼接工艺工序，保障各箱体在站点现场顺利安全堆叠；精心的基础设施供配电、温控、监控等系统设备选型，使数据中心运行高效，能耗最优；强大的 AI 运维管理技术，将帮助数据中心实现自动运维、自动运营、自动能效调优。

面对数据中心在以传统土建方式建设过程中未遇到过的众多挑战，华为工程师并未气馁，他们夜以继日，全力投入，攻克各项难题，以最快的速度打造了世界上最大规模的集装箱堆叠数据中心。预制模块化数据中心凭借快捷部署、高效可靠、绿色环保，成为引领全球数据中心行业建设发展趋势的新宠。

项目于 2018 年 9 月 5 日土建施工单位进场，2019 年 3 月 2 日业务上线运行，截至目前，运行良好，未出现异常情况，质量达到设计要求，常年平均运行 PUE 可达到 1.28，运行节能效果显著，年节省用电量 1 584 万 kW·h，年二氧化碳减排量约合 7 520t。

团泊洼数据中心园区整体建成后整个项目总工业增加值为 1 419 500 万元，年综合能源消耗量当量值为 80 830.36tce，等价值为 197 305.11tce。项目单位工业增加值能耗为 0.139tce/ 万元，远低于东莞市当地标准 0.585tce/ 万元。

东莞华为云团泊洼数据中心 T1 栋预制模块化应用案例充分利用数字化设计、仿真与建设技术，结合 AI 节能技术、智能微模块和电力模块等高效节能产品，在东莞地区实现 1.28 的超低 PUE。该数据中心案例项目在南方地区具有很好的节能示范引导意义。

湖南涟钢冶金材料科技公司气烧活性石灰焙烧竖窑改造工程

1 案例名称

湖南涟钢冶金材料科技公司气烧活性石灰焙烧竖窑改造工程

2 技术单位

唐山助纲炉料有限公司

3 技术简介

3.1 应用领域

TGS（Toward Golden Stars）节能环保活性石灰焙烧竖窑适用国内较富余的低热值高炉煤气、转炉煤气或发生炉煤气，还可焙烧铝矾土、白云石、菱苦土等，能够满足钢铁工业、电石工业、氧化铝工业、耐火材料、环保消毒、涂料等工业的使用要求。

几十年来，中国的冶金石灰行业获得了长足的发展，各类气烧石灰窑取得了较大的进步，其中，回转窑、麦尔兹窑、套筒窑、梁式窑等以高热值煤气为燃料时，生产效果良好，然而在采用低热值燃料时，产品质量及能耗均不理想。例如，日产 600 吨的麦尔兹窑和套筒窑采用转炉煤气（热值

1 200 ~ 1 400kcal/Nm³）为燃料时，日产量仅仅达到 480 ~ 540t；采用高炉煤气（热值 700 ~ 800kcal/Nm³）为燃料时，日产量仅仅达到 380 ~ 420t，此时热耗为 900 ~ 1 030kcal/kg 灰。回转窑到目前为止使用上述低热值燃料非常困难，市场上很少见。由于中国钢铁企业的高热值煤气供应日趋紧张，而以自产的高炉煤气等低热值煤气为燃料的气烧窑在大型化、高效化上受窑炉结构和燃烧技术的制约，长期未取得突破。在学习借鉴前辈宝贵经验的基础上，结合高炉、TCS 球团竖炉及水泥窑等窑炉的结构特点，配合产业政策，唐山助钢炉料有限公司成功研发出以高炉煤气等低热值燃料为主煅烧石灰的 TGS 节能环保活性石灰焙烧竖窑。

3.2 技术原理

TGS 石灰窑以高炉煤气等低热值煤气为燃料，采用大型风冷中心复合烧嘴配合国井式侧向烧嘴，解决了竖窑大型化和中心风不足而边缘风过量的国际难题。图 1 为 TGS 石灰焙烧竖窑的结构示意图，图 2 为 TGS 石灰焙烧竖窑工艺图。

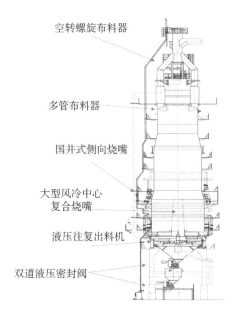

空转螺旋布料器

多管布料器

国井式侧向烧嘴

大型风冷中心
复合烧嘴

液压往复出料机

双道液压密封阀

图 1　TGS 石灰焙烧竖窑结构

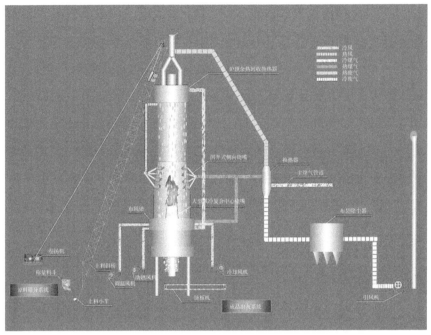

图 2　TGS 石灰焙烧竖窑工艺

TGS 石灰窑窑顶采用空转螺旋布料器与多管料封布料器（见图 3），首先通过空转螺旋布料器将窑外石灰石布置到多管料封布料器上端，再通过布置在圆周方向的多管料封布料器把石灰石布置到窑内参加预热煅烧。通过这样的双道布料，既防止窑顶废气外溢，又做到中心料面低、周边料面略高的料面结构，有效增强中心引气功能，缓解中风不足、边风过剩的问题。窑底采用四点液压往复出料机，形成边缘下料比中心下料快的下料状态，排料均匀可调，并实现窑顶微负压操作。在原料处理上采用了分级入炉思想，即对于同时建设两座以上石灰窑的单位，将石灰石分成粒度尺寸接近的相应种类数量，分别入窑煅烧，降低进入窑内的石灰石粒级差，增强石灰石的透气性，从而扩大石灰石粒度使用范围。在软件方面，配备智能化专家控制系统等先进技术，创新提出了"三低"石灰焙烧理论，即利用低热值燃料在低温和低空气过剩系数下煅烧石灰，从工艺源头减少污染物的生成，实现了节能。

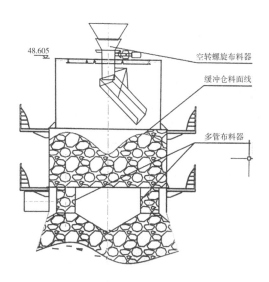

图 3 空转螺旋布料器及多管料封布料器

3.3 关键技术及创新点

关键技术如下。

（1）TGS石灰窑大型风冷中心复合烧嘴从里向外与炉墙国井式侧向烧嘴从外向里对烧，提供了充足的中心火焰，解决了竖窑大型化和中风不足、边风过剩的国际难题，提高了TGS石灰窑的产品质量。

（2）创造了"三低"（低热值、低温、低空气过剩系数）石灰焙烧理论，消除了生成热力型NO_x的高温条件。

（3）采用独特的炉料"架桥"运动构思指导石灰窑的设计和生产操作，大幅度提高了TGS石灰窑的生产效率和能量利用率。

创新点如下。

（1）采用哑铃形炉型，提高炉身高度，优化炉型和高径比，延长预热和冷却时间，适应石灰导热系数低的特点，采用"架桥结构"减少炉内气流阻力，有利于石灰竖窑的大型化和节能。

（2）窑体设置有余热回收利用换热器，采用排气余热来预热燃料气和助燃风，高效节能、安全可靠、易于维护。余热回收利用换热器可将助燃风预热至180 ～ 260℃，煤气预热至150 ～ 250℃，排气温度降低至150 ～ 200℃。

（3）大型风冷中心复合烧嘴为 TGS 石灰窑最具代表性的专利技术。由 TGS 石灰窑中心向外并与炉墙侧烧嘴对烧，提供了充足的中心火焰，解决了石灰窑中心气流不足、温度分布不均、中心生烧和边缘过烧的问题，提高了 TGS 石灰窑的产量和质量，有利于石灰窑的大型化。

（4）外炉墙上，采用多排引进日本技术的国井式侧向烧嘴：使用特种耐火材料，燃烧稳定可靠，寿命长且不易回火，窑体圆周火焰均匀，火焰穿透能力超过传统石灰窑烧嘴的 1.5 倍。

（5）窑顶布料装置为公司自主研发，在大容量窑型上采用空转螺旋布料器与多管料封布料器。这是借鉴了现代大型高炉上旋转布料器的布料思想，并在中小高炉"HY"无钟炉顶布料技术的基础上改进而来，在提高布料均匀性的同时可调整石灰窑整体气流分布。

（6）日产量300t 及以下的 TGS 石灰窑排料设备类似四点排料系统，并拥有排料自动均衡补偿器。日产量400t 及以上的 TGS 石灰窑排料系统采用液压往复出料机出料，实现炉墙边沿炉料与中心炉料全断面均匀下料，提高石灰质量和产量。在窑底采用双道液压密闭出灰阀，减少炉窑底部粉尘污染，改善生产环境。

（7）生产装置自动化程度高，简单易控，安全性强。配置上位计算机和 PLC 控制系统，对炉窑操作及温度、压力、流量等参数进行数据采集和控制，并采用公司独有的专家系统软件进行辅助分析和优化指导。专家系统具有判断窑内下料是否偏行、气流分布是否均匀的功能，并提示每次操作所产生的效果是否达到预设。在可能出现的停电、设备"偷停"等多种危险情况下，系统可以实现即时自动安全停炉，而不需人工操作。

（8）TGS 石灰窑具有良好的环保效益。由于单炉产量大，并采用了独特的低温低空气过剩系数石灰焙烧理论，吨灰废气量少、O_2浓度低、燃烧区域峰值温度低（1 050 ~ 1 100℃为主，1 100 ~ 1 250℃的区域很少），消除了生成热力型NO_X的条件。另外，煤气中含硫低，且 CaO 具有脱硫作用，通过控制燃烧气氛可使燃料型NO_X很少，因此，排气不需增设脱硫脱硝设施就可优于国家和地方排放标准，并为回收CO_2或轻钙生产打下了基础。

3.4 技术先进性及指标

（1）大型 TGS 石灰窑可采用低热值煤气（最低可用煤气热值达 650kcal/Nm^3），最大单窑日产量大于 900t，热耗为 890 ~ 1 020kcal/kg 灰，电耗 40 ~ 45 kW·h/t 灰，活性度 320 ~ 420ml（与石料品质有关系），生烧率 5% ~ 10%，过烧率 < 2%，与同类石灰窑相比节能效果显著。在低热值煤气的应用上，能耗指标及单窑日产量已经处于国际领先水平，单窑日产量 200 ~ 900 吨的系列化产品均已投入市场。

（2）TGS 气烧石灰竖窑无须配置脱硫脱硝设备即可达到排放要求。实测数据显示，其SO_2 < 30mg/m^3，NO_X < 50mg/m^3，远优于《石灰、电石工业大气污染物排放标准》（GB 41618—2022）对石灰窑排放标准的规定（SO_2 < 200mg/m^3，NO_X < 300mg/m^3）。

（3）自动化程度高，安全性强，操作简单可靠，且有专家软件提示，可大幅度节省人力。一座日产 600t 的石灰窑生产线，单班仅需 7 人。

4 典型案例

4.1 案例概况

湖南涟钢冶金材料科技公司（以下简称"湖南涟钢"）4 座 150m^3 气烧石灰竖窑中，1#、2# 石灰竖窑建于 1988 年，其间经过两次中修；3#、4# 石灰竖窑建于 1995 年。该 4 座窑设备已严重老化，产量低、能耗高，吨灰热耗达

6GJ/t 灰、电耗 45kW·h/t 灰，是目前该公司运行的双膛蓄热式石灰窑热耗的 1.6 倍。根据公司对生石灰需要量的要求，同时为降低产品电耗、热耗，降低石灰的生产成本，湖南涟钢决定淘汰热耗高、电耗高、产量低的 1#、2#、3#、4# 气烧窑，在现有 1#—4# 气烧窑区域规划建设 2 座单窑日产量 600t 的 TGS 节能环保活性气烧石灰竖窑。第一期先建 1 座，年产活性石灰 20 万 t，满足烧结工序对石灰的需要量；第二期再建 1 座，年产能 20 万 t，满足涟钢炼钢工序对石灰和轻烧白云石的需要量。

4.2　实施方案

湖南涟钢拆除原有的 4 座石灰竖窑，在原地建设 2 座 TGS 石灰窑。TGS 窑的工艺主要分为六大系统，即原料分级系统、上料系统、热工煅烧系统、成品运输储存系统、窑体供风系统、环境保护系统。

（1）原料分级系统。石灰石原料通过火车卸料装置装入地下原料仓内，经由仓下振动给料机、皮带机喂入第一道滚筒筛，筛下物＜ 25mm 的进原料粉仓，筛上物通过转运皮带进入第二道滚筒筛，筛下 50mm 的运至 TGS 窑前原料转运站，经过转运站上接力筛分级为 25 ～ 40mm 及＞ 40mm，两种原料通过仓下振动给料机及皮带机分别送入 2 座 TGS 窑的窑前仓储备。

（2）上料系统。合格的原料由振动给料机送入称量料斗。当称量料斗仪表发出料满信号后，振动给料机停止给料。当料车下行到位后，将原料装入料车内，称量料斗仪表发出仓空信号后，变频卷扬机启动牵引料车上行到窑顶向窑内装料。

（3）热工煅烧系统。TGS 窑由 1 个窑膛构成，窑膛的煅烧为连续工作制，石灰石由窑体顶部装入，成品石灰从窑体底部排出。进入窑内上部的石灰石随着石灰的排出逐步下降，经上部预热带预热。预热所需的热量来自窑膛自身煅烧产生的热烟气。

TGS窑在窑体底部设置一套中心烧嘴，在窑体中下部外侧周圈设置多层国井式侧向烧嘴。

当石灰石下降到煅烧带时，石灰石中的主要成分碳酸钙受热分解，生成氧化钙即石灰。石灰继续下降，受到从窑底鼓入的冷风的冷却，煅烧过程结束。

煅烧所用燃料为高炉煤气，高炉煤气热值 ≥ $4.18 \times 780kJ/Nm^3$。高炉煤气加压至40KPa，经煤气换热器加热至150 ~ 250℃后，由管道送到TGS窑。煅烧和石灰冷却风由鼓风机站的鼓风机供给，其中助燃风经换热器加热至180 ~ 260℃后，由管道送到TGS窑。煅烧后的窑内烟气由管道送入助燃风、煤气换热器中，经换热降温后进入烟气布袋除尘器内，除尘后由烟囱排放。

成品石灰由窑底液压往复式出料机、窑底上道卸灰阀卸入窑底称量斗内，经称量斗称量后再由称量斗下部设置的下道卸灰阀卸入成品灰运输皮带机上。

（4）成品运输储存系统。烧成的石灰进入成品灰皮带机后，经成品灰皮带机运送至三通分料阀，再由三通分料阀分别给入两台成品灰斗式提升机。成品灰斗式提升机一用一备。斗式提升机将石灰提升至成品灰贮存仓内（系统设置2个成品灰贮存仓，单仓有效容积约220m³）。

成品灰贮存仓内的成品灰经过仓下设置的2台卧式破碎机进行破碎，破碎后的石灰（粒度在≤3mm以下的比率＞92%）通过2个溜管分别进入2台粉灰斗式提升机内（粉灰斗式提升机一用一备），经粉灰斗式提升机提升后进入2个粉灰仓内（系统设置2个粉灰贮存仓，单仓有效容积约450m³）。

粉灰仓内的石灰通过仓下部设置的星形卸灰阀卸入石灰运输车辆中外运。本工程2座TGS窑共用1套成品运输储存系统。

（5）窑体供风系统。设窑体供风鼓风机站1座，鼓风机站内设有9台罗茨风机机位。鼓风机站在一期工程期间建设，一期工程设有5台罗茨风机。

（6）环境保护系统。一、二期石灰窑本体废气各自设布袋除尘器1台，过滤面积均为3300m²，除尘器清灰采用压力为0.4 ~ 0.5MPa的干燥压缩空气，压缩空气露点为 40℃。清灰及输灰控制采用 PLC 集中控制。除尘器灰斗设仓壁振动器，以保证顺利排灰。烟气由除尘器净化处理后经由风机、烟囱达标向大气排放。

一、二期成品系统共设置 1 台脉冲布袋除尘器，过滤面积 1800m2，用于成品转运、缓冲仓卸料、振动给料机、破碎间、成品粉灰仓各扬尘点的净化，含尘气体净化后经风机、烟囱达标排入大气。

其他环境除尘由厂内现有系统除尘器统一处理。

4.3 实施效果

改造前：湖南涟钢 4 座 150m³ 石灰竖窑均以高炉煤气为燃料，单窑日产量 120t 左右，高炉煤气热值 4.1 868×780kJ/Nm³，吨灰消耗 1 850Nm³ 左右，折合热耗约 6GJ/t 灰、电耗 45kW·h/t 灰。这种石灰窑在现存的石灰窑中还占很大比例，属于能耗高、产量低、环保差的生产技术。

图 4　改造前单窑日产量 120t 的石灰竖窑

改造后：新建的 2 座日产 600t TGS 石灰竖窑仍然采用高炉煤气作为焙烧燃料，高炉煤气的热值为 $4.1868 \times 780kJ/Nm^3$，投产后生产 1 吨石灰实际所用高炉煤气量约 1270Nm³，吨灰热耗约 4.15GJ，电耗 42kW·h/t 灰。

图 5　改造后单窑日产量 600t 的 TGS 石灰竖窑

该项目中 TGS 节能环保活性石灰焙烧竖窑节能效果明显，相较于湖南涟钢原有石灰窑吨灰节约热耗约 1.85GJ（折合标煤约 63.12kg），2 座 TGS 窑达产后，可年节约标煤 25 248t。每 GJ 煤气 40 元，吨灰节省煤气成本 74 元；电费 0.65 元 /kW·h，吨灰节电 1.95 元。若其他费用相同，则吨灰整体节省成本约 76 元，经济效益可观。

另外，TGS 节能环保活性石灰焙烧竖窑生产 1 吨灰，较原有石灰窑节约 1.85GJ 热耗，即节约高炉煤气 566Nm³（高炉煤气热值按照 780kcal/Nm³ 计算）。CO_2 减排量主要来自煤气燃烧，因此湖南涟钢 2 座 TGS 窑年 CO_2 减排量为：

40 万 t × 566Nm³/t ÷ 100 × 39 × 1.963kg/Nm³ ÷ 1 000=17.3 万 t

（每 100Nm³ 高炉煤气燃烧产生 39Nm³ 的 CO_2，CO_2 密度为 1.963kg/Nm³）

另外，TGS 活性石灰焙烧竖窑烟气在不建设脱硫脱硝设施的条件下，即可达到国家超低排放标准，减少了相关消耗，环境效益显著。

4.4 案例评价

综上所述，TGS 石灰窑在利用低热值燃料（高炉煤气、转炉煤气、发生炉煤气等）煅烧石灰方面，无论是单窑日产量（目前利用 TGS 石灰窑煅烧石灰，单窑最大日产量突破 900t）还是综合能耗（890 ～ 1 020kcal/Nm³）、环保排放，均比麦尔兹窑、套筒窑以及回转窑有明显优势。该技术应用案例真实可信，技术可靠，节能效果明显，技术和设备通用性强，应用领域较广，具有较大的推广价值和潜力，在节能减排等方面社会效益较大。

唐山助纲炉料有限公司（以下简称"唐山助纲"）创建于 2009 年，坐落在地理位置优越的乐亭经济开发区，占地面积 80 000 平方米，注册资金 3 000 万元。依托环渤海经济带，产品以服务钢铁、环保、电力、化工产业为主，是河北省科技型企业，中国石灰协会副会长单位，全国球团技术协调组成员，国家高新技术企业，河北省专精特新中小企业，是 TGS 石灰窑发明专利的拥有者，自建有河北省工业企业 B 级研发中心。主营为 TGS 节能环保活性石灰窑、脉冲引射布袋除尘器、高氧化镁熔剂性球团（碱性球团技术）等技术的研发、设计、制作、调试服务。其中，TGS 石灰窑产品远销海外，被生态环境部列为 A 级企业适用工艺。入选生态环境部、发改委、工信部发布的《国家清洁生产先进技术目录（2022）》。

"助力众企大业，担纲行业未来"，这是唐山助纲炉料有限公司的企业宗旨。从创建之初，唐山助纲立足石灰行业、冶金行业。钢铁工业是世界所有工业化国家的基础工业之一，经济学家通常把钢产量或人均钢产量作为衡量各国经济实力的一项重要指标，也是一个国家工业化程度和实力的标志。冶金石灰是钢铁生产的重要熔剂和造渣材料之一。唐山助纲创始人和技术领头人刘树钢是一个胸怀梦想、有执着追求的人，用他自己的话说："要用自己的技术知识为社会创造价值，要为社会留下点有价值的东西，才不枉来世上一回。"他不仅践行这一信念，也把它传递给公司每一位员工。正是有了这样的信念，公司才能够在艰难困苦的环境下，把TGS石灰窑技术做到从无到有、从有到优的。

一个优秀的领导，需要有足够的前瞻性思维，能把握住市场机遇，而刘树钢就是这样的带头人。在二十多年前的世纪之初，钢铁行业市场最火热的是酸性球团技术，但唐山助纲的研究方向已经转向冶金石灰，因为刘树钢预测酸性球团市场即将饱和。事实证明，当时的选择是很有远见的。正是因为这些正确决策，才有今天石灰技术方向的成绩和企业的发展。

每一项技术的研发从来不是一帆风顺的，这需要有足够的基础理论的支撑、严谨的科学验证、实际应用来进行实践检验。公司的研发团队阅读大量书籍资料，研究已有的相关技术，可以说是夜以继日。大家投入的时间和精力，是无法计算的，技术人员的考勤天数大多超过了330天。在这种奋发拼搏的状态下，公司原有的TCS球团的研究成果被引入石灰窑的设计中，大家又潜心研究了国内外各种窑型，大胆地将高炉的无料钟炉顶和日本国井式侧向烧嘴应用于石灰窑上，并自出机杼地设计了中心烧嘴设备来提供中心火焰，在一次次论证讨论和无数次的实验后，才最终成形。技术研发在有些人看来是枯燥的、寂寞的，但在技术人员看来是有趣的、激情澎湃的。正如刘树钢所说的："对于我来说，研究技术是我的爱好，能够这样工作，是一种幸福。"

技术有了，还需要推广出去，实际应用了才会有实践数据支撑，才有改进的方向。"你们的业绩在哪儿？"这是遇到的最多的问题。没有业绩，对投资人来说就仿佛"纸上谈兵"，没人敢用。为此，公司的营销人员奔波于各大钢铁企业，一遍一遍地宣讲着TGS石灰窑技术以及可以带来的社会经济效益。从处处碰壁到终于打动客户，可谓辛酸苦涩到欣喜若狂的历程。所以，刘树钢心心念念着第一个客户，说是永远不能忘记的恩人。

技术推广出去了，实际效果如何？需要实践来检验。每研制一代石灰窑，甚至是技术上的微小进步，都需要在实践中一次又一次地摸索。第一座石灰窑的建设，只能成功，不能失败。研发团队白天指导工作，晚上讨论、修正图纸，可谓披星戴月。经过半年摸爬滚打，窑炉终于竣工了，成功点火了。

为了拿到第一手生产资料和生产状态，刘树钢同研发人员一连45天守在炉前，观察炉子运行，查找和解决问题，累极了就在炉旁睡一觉，醒来继续干。每次停炉检修，他都会第一个进到炉内，确认无风险后再带着骨干员工进行分析，积累生产经验。经过全体人员辛勤努力，最终炉子的实际生产能力超出设计能力，产品质量也远远好于原有石灰窑。研发团队以强大的斗志与胆识、拼命的精神，将一个新的炉型展现在世人面前。如今，公司的技术人员，每一个人身上都可以找到施工生产过程中留下的伤痕，这是一路走来坎坷的记录，也是我们干出成绩、打了胜仗的勋章。

回顾过去，我们无愧于时代；展望未来，我们豪情满怀。创新是引领发展的第一动力，坚持创新发展，就必须把创新摆在国家发展全局的核心位置。今后，面对新的挑战与机遇，唐山助纲将继续注重研发新技术，开发新产品，要把二十大精神转化为指导实践、推动工作的强大动力，踔厉奋发、勇毅前行，以我们的青春与奋斗做燃料，燃起雄心炉火，燃出石灰行业、冶金行业的璀璨未来！

技术应用单位说

本项目 TGS 气烧石灰竖窑稳定运行近 5 年，该技术以钢铁企业热值很低的纯高炉煤气为燃料煅烧石灰，解决了钢铁企业高效合理利用低热值煤气的难题。同时，其采用原料分级入炉技术，解决了麦尔兹窑水洗原料污水处理的难题，更好地利用矿山石灰石，提高了矿山的利用率，降低了综合生产成本。改造前后对比，有效节省了原有 4 座石灰窑的能耗，吨灰热耗由原来的 6GJ/t 降低到现在的 4.15GJ/t，成本降低 74 元 / 吨。TGS 气烧石灰竖窑是在使用低热值的全高炉煤气的条件下，达到上述生产技术指标的，在国内乃至世界范围内是首次，突破了大型石灰窑使用低热值煤气生产优质石灰的难题，具有很好的推广价值。

专家说

唐山助纲炉料有限公司是一家以研发和工程技术为主的民营企业，其自主研发的 TGS 节能环保活性石灰焙烧竖窑技术，获得国家发明专利。TGS 活性石灰焙烧竖窑技术在湖南涟钢成功应用，较之前的老竖窑节省热耗约 30%，工艺成熟可靠，自主创新强，技术和设备通用性好，可实现从源头节能减排，符合先进的节能环保理念。TGS 石灰窑在低热值煤气石灰窑大型化领域处于国际领先水平，在利用低热值煤气以及节能降碳方面深受用户好评，占国内新建改建气烧竖窑市场 35% 以上份额。

江南造船（集团）空压机余热回收利用替代蒸汽节能改造项目

1 案例名称

江南造船（集团）空压机余热回收利用替代蒸汽节能改造项目

2 技术单位

上海赛捷能源科技有限公司

3 技术简介

3.1 应用领域

空气压缩机（简称空压机）是各类型工业企业普遍应用的动力机械。空压机在工作过程中，空气会随压力增大而温度提高。为了降低压缩机功耗，并保障设备连续运行的安全，空气压缩机均设有冷却水系统。对于压缩比较大的多级压缩空压机，冷却负荷较高，冷却水携带的热量很大。为了保障压缩机的工作安全和能效，通常空压机的冷却水出口水温设计值较低，因而大部分热能无法被有效利用。本技术旨在回收这部分热能，用于满足企业的各种生活及工艺热水需求，降低电力或蒸汽供热的消耗。

3.2 技术原理

由热力学的气体热力过程分析可知，气体绝热压缩时压缩功全部转变为内能，功耗最大，而定温压缩过程则使压缩功大幅度减小。因此，压缩机通过设置冷却系统，使气体在压缩过程中不断放出热量，以有效降低压缩功耗。

离心式压缩机是利用高速旋转叶轮的离心升压作用和通流面积逐渐增加的扩压器降速扩压作用，将机械能转换为气体的压力能。对于高压缩比的空压机，单级压缩不仅使叶轮承受的作用力等过大，而且气体无法在压缩过程中实现冷却降温。多级离心式压缩机可降低每级叶轮的尺寸，并通过合理设置冷却系统，使每级压缩的平均气温有所降低，因而被普遍采用。

本技术所应用的一种多级离心式压缩机冷却系统如图1所示。

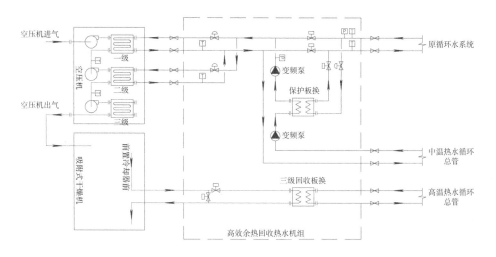

图 1 多级离心式压缩机冷却系统

室外空气经吸风塔和空气过滤器接入空压机一段进气口，通过空压机内部的多级高速旋转的叶轮和扩压器升压后，经后处理设备干燥后由管道输送至各用气点。该多级离心式空气压缩机采用分段中间冷却的结构，空气每经一段压缩后，均经过冷却器被循环水冷却，然后再进入下一段继续压缩。如图 1 所示，空压机一级、二级冷却水在汇合之后，经由变频泵加压后送往中温热水循环。而对于第三级压缩热的回收，则放在了出口高温高压空气上，如图中所示空压机出气先经过一次干燥机或者冷却器，系统将自动根据干燥机需求进行两路切换选择。当气路切换经过冷却器时，换热器将把高温压缩空气的余热通过三级回收板换传递给高温热水循环系统。

3.3 关键技术及创新点

通常，离心式空压机的循环冷却水出水温度不超过 45℃，本技术通过特殊设计和运行控制，在避免空压机发生喘振的前提下，可将排气温度控制在设定值（50℃以上），一、二级冷却器出水温度提高至 65℃，提高了回收热水品质，不须热泵升温可直接利用。

为避免空压机气流变化引发喘振，采取了以下技术措施。

（1）空压机冷却器采用螺旋管壳式设计，冷却水系统为闭式循环，可保证换热效率，延缓结垢时间，尽可能小地影响压缩空气流动阻力和原喘振曲线。

（2）通过传感器测量，根据参数综合判断是否接近喘振条件，及时调节 IGV 开度，保障最小进气量，避免喘振发生。

3.4 技术先进性及指标

相对于采用热泵类余热回收利用设备，本技术能耗低，设备投资少，运行维护成本低。

余热回收系统设备配置灵活，空压机的一级、二级、三级冷却系统热量可单独回收，也可以组合回收。

设备元件采用全寿命管理，关键点设置故障检测及报警系统，便于及时维护和调整，可确保空压机及余热利用热水机组的安全、高效运行。

系统装置集成化高，占地小；设备操作简便，可一键启停。

在确保空压机安全和效率的前提下，可将一、二级冷却器出水温度提高至65℃，以直接利用。

本系统余热回收利用率高，可回收空压机轴功率 60% 左右的热能。

4 典型案例

4.1 案例概况

本项目位于江南造船（集团）有限责任公司，该公司原有蒸汽系统存在用能费用高、系统老旧导致跑冒滴漏多、供热系统设计不合理、能源利用率不高等问题。本项目利用回收的空压机余热产生高温热水，对原有蒸汽系统进行有效替代，并通过对原供热系统进行优化改造，大幅度降低系统总能耗和用能费用。

4.2 实施方案

本项目对企业的供热系统进行了综合优化，通过空压机冷却系统余热、天然气锅炉、空气源热泵、小型蒸汽发生器及屋顶式空调机组等设备组合和系统重构，对原外购电厂蒸汽的供热系统进行全面替代。

改造范围包括：采用空压机余热，对厂区及东部生活区、宾馆的洗浴用水和 9 万多平方米的两栋办公楼的冬季采暖系统进行替代；采用天然气锅炉、屋顶式空调机组，对原保证生产工艺使用蒸汽的设备进行替代；采用空气源热泵，对西部生活区的洗浴用水供热、节假日空压机停开时保障东部生活区及宾馆的热水供应；采用小型电加热蒸汽发生器，保障对东、西部生活区洗衣房供气；采用电蒸箱、电饭锅等用电设备，保障食堂用能等。

空压机冷却系统的余热利用改造包括：原空压机冷却循环水系统连接至冷却塔，作为保护备用，在余热供热负荷不足或供热系统停止运行时，投运原冷却塔系统，通过保护板换二次传热进行空压机的冷却。

新增设的中温、高温热水循环系统则分别设置有高、低温热水箱。通过空压机余热,对水箱二次侧水系统进行加热,实现余热梯级回收利用。

改造后,空压机各级冷却系统均采用闭式循环,因而可保障空压机冷却器的持续、稳定、高效运行。

图 2　空压机余热利用系统现场

图 3　空压机冷却器

图 4　板式换热器

4.3　实施效果

本项目改造前，即 2017 年 5 月至 2018 年 4 月，年外购蒸汽费用为 2 611.4 万元。改造后的 2019 年 4 月至 2020 年 3 月，用能费用为 256.9 万元（按电价为 0.89 元 /kW·h、天然气价 5.65 元 /Nm³ 计算），一年节约能源费用为 2 354.5 万元。

4.4　案例评价

该项目是在大型重工企业进行低碳节能技术应用的一个典型案例，在保障企业主设备正常运转的前提下，为企业节约了能耗费用，是一个节能增效的双赢项目。

上海赛捷能源科技有限公司主要从事环保科技、节能减排、光机电一体化、信息科技领域内的技术开发和服务。公司所开发的技术共获得了 3 项发明专利授权、2 项实用新型专利授权。先后为大连船舶、渤海造船、江南造船以及青岛北船等船舶企业进行节能项目咨询及实施，相继与国家技术转移东部中心、上海市节能环保协会等专业组织签订合作协议，并获得了国家创新基金、上海经信委、科委等部门的课题支持。

在技术研发过程中，技术开发团队不仅克服了许多困难，也提出了许多技术创新方案。有一段时间，项目组在选定控制器方案上起了分歧，有人认为工业领域采用PLC（可编程逻辑控制器）更加稳妥可靠，有人认为热回收设备所处环境相对稳定，应该更加考虑控制器的灵活度和性能，以兼容更加复杂的控制逻辑需求。最后，大家经过现场论证和行业调研，还是采用了更加可靠的PLC方案，同时为了满足PLC的编程特点，专门进行了大量的代码优化，做到以最高效的控制语言实现最大限度的智能化。项目落地后，不少专业人士考察后都对我们的方案表示赞赏，认为真正做到了可靠性与性能的最佳平衡。

江南造船（集团）有限责任公司工务保障部黄主任表示，他所在的动能科室，以前为了蒸汽系统投入了大量的人力、物力和财力，自从上海赛捷能源科技有限公司实施了该余热回收系统替代蒸汽节能改造项目，大大降低了日常工作负荷，系统自动化程度更高，运行更加稳定，运行费用相比往年大幅度降低，切切实实地解决了企业的一个心头病。

案例项目优化利用了余热和可再生能源，减少了化石能源的消耗。通过有效解决离心式空压机回收余热时易出现的喘振问题，大幅提升了空压机的余热回收量，为该类空压机的余热深度回收利用提供了良好的示范。

北京市海淀外国语实验学校京北校区
单井循环地源热泵系统工程

1 案例名称

北京市海淀外国语实验学校京北校区单井循环地源热泵系统工程

2 技术单位

恒有源科技发展集团有限公司

3 技术简介

3.1 应用领域

单井循环换热地能采集技术是一项我国原创的适用于多种地质条件的浅层地热能采集技术。它以循环水为介质采集浅层地下的温度低于25℃的热能，该技术实现了"取热不耗水"，能够安全、高效、省地、经济地采集浅层地热能，为大规模安全开发利用清洁可再生能源为建筑供暖提供了有力的技术支撑。

单井循环地源热泵系统以单井循环换热地能采集技术为核心，通过可再生的自然能源（浅层地热能）和热泵的结合，为建筑物供暖、制冷，使建筑物供暖总能耗的60%以上是可再生的浅层地热能。适用于新建、改扩建的各种公建、民建、农户等建筑的供暖和制冷，能够进一步促进建筑节能低碳运行，实现更高的经济效益和环境效益，助力"碳达峰、碳中和"的早日实现。

3.2　技术原理

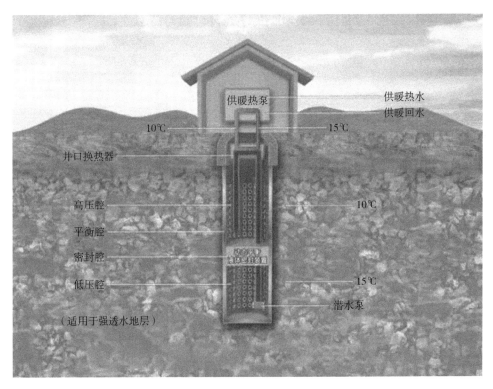

图 1　单井循环换热地能采集井结构及工作原理示意

如图 1 所示，单井循环换热地能采集井由加压回水区（高压舱）、密封区（密封舱）、抽水区（低压舱）组成。地能采集系统以水为载热介质，从抽水区将采集到的介质送入换热器，介质换热以后进入加压回水区，然后流经岩土体又返回到抽水区，从而循环换热采集岩土体中的地热能。

单井循环换热地能采集井按结构分为有换热颗粒地能采集井和无换热颗粒地能采集井两种形式。有换热颗粒地能采集井适用于弱透水地层，井深 40 ~ 100 米，单井地热能采集量 100 ~ 300kW；无换热颗粒地能采集井适用于强透水地层，井深 60 ~ 100 米，单井地热能采集量 15 ~ 500kW。如图 2、图 3 所示。

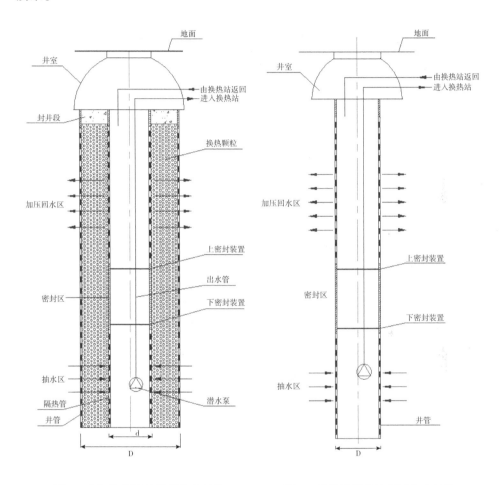

图 2　有换热颗粒地能采集井结构　　图 3　无换热颗粒地能采集井结构

3.3　关键技术及创新点

（1）高效。单井循环换热地能采集井是以地下水为介质，采用与地下土壤砂石直接换热的方式采集浅层地热能，通过保障适宜的换热井的供水温度，从而提高了整个地源热泵系统的能效。

（2）安全环保。地热能采集利用全过程不消耗也不污染地下水，对地下水是安全的，避免了潜在地质灾害。

（3）占地面积小。换热效率为传统土壤源方式的 20 ~ 100 倍，单井成井后地面仅占一个检修井盖面积，占地面积为传统方式的 1/100 ~ 1/20，为在土地紧张、建筑密集的城市中心区采用浅层地热能提供了技术支持。

（4）适用性广。单井循环换热地能采集井分为有蓄能颗粒地能采集井和无蓄能颗粒地能采集井，可适用于不同地质情况，可设计性强，适用范围广。

（5）施工周期短。根据项目冷热量需求设定采集井数量，单井施工周期 3 ~ 7 天，可实现多井同步施工，从而大大缩短工期。

3.4 技术先进性及指标

单井循环换热地能采集井是我国自主知识产权技术，经中国科学院文献情报中心国内外双向查询为原创技术，具有多项国际发明专利，省部级鉴定为国际先进水平。2008 年 12 月获得全国工商联颁发的科技进步一等奖。该技术是可再生能源领域唯一输出美国的中国原创技术，在美国实施的项目获当地政府颁发"能源之星"认定。

2012 年 12 月，由恒有源科技发展有限公司参编的北京市地方标准《单井循环换热地能采集井工程技术规范》（DB11/T 935—2013）被北京市质量技术监督局批准发布。

经过多年的推广实施，该技术已经应用于超过 2 100 万平方米建筑的供暖冷工程中，成为降低建筑运行碳排放的重要技术措施。

采集井主要技术参数见表 1、表 2。

表1　有蓄能颗粒地能采集井参数

地层岩性	地能采集井钻孔直径（D）（mm）	地能采集井深（m）	隔热管直径（d）（mm）	供热功率（kW）
粗砂、砾石	245 ~ 500	60 ~ 100	159 ~ 245 或 DN150 ~ DN250	250 ~ 500
岩石	311 ~ 500	40 ~ 100	108 ~ 245 或 DN100 ~ DN250	30 ~ 320

续表

地层岩性	地能采集井钻孔直径（D）（mm）	地能采集井深（m）	隔热管直径（d）（mm）	供热功率（kW）
粉砂、细砂	500 ~ 1 200	40 ~ 100	DN100 ~ DN250	30 ~ 250
黏土	500 ~ 1 200	40 ~ 100	DN100 ~ DN250	30 ~ 150

表2　无蓄能颗粒地能采集井参数

地层岩性	地能采集井钻孔直径（D）（mm）	地能采集井深（m）	井管直径（D）（mm）	供热功率（kW）
粗砂、砾石	108 ~ 245	60 ~ 100	108 ~ 245	15 ~ 500

4　典型案例

4.1　案例概况

北京市海淀外国语实验学校京北校区位于冬奥之城张家口市，该校区是海淀外国语实验学校新建的 12 年一贯制国际化学校，是北京 2022 年冬奥会和冬残奥会奥林匹克教育示范学校及国家体育总局为奥运储备中国国少队人才的冰雪项目基地。校区总规划建筑面积 30 万平方米，分为三期建设，截至目前一期、二期 10 栋建筑总计 14 万平方米已经投入使用，三期正在建设中。

图4　项目规划俯瞰

以单井循环换热地能采集技术为核心的恒有源地能热泵环境系统，早在2001年就已经作为北京海淀外国语实验学校位于海淀区的校区的供暖制冷系统投入运行，并达到了良好的使用效果。该学校京北校区地处张家口市怀来县，空气清新，自然环境优越，但供暖时间长，冬季气温低。为了保证项目正常供暖，并减少供暖系统的碳排放，实现清洁绿色供暖，项目继续采用了恒有源地能热泵环境系统作为项目的供暖系统，实现项目低碳、低成本供暖制冷运行，为冬奥之城绿色发展做出贡献。

4.2 实施方案

方案采用了分布式单井循环地源热泵系统作为项目的冷热源方案。系统由单井循环换热地能采集井、浅层地热能集中换热站、分布式冷热源站及建筑内供暖制冷末端组成。

项目建筑分布东西跨度超过1000米，南北跨度超过800米，地势高差超过60米，建筑周边采集井设置位置紧张。方案集中设置多套单井循环换热地能采集井，集中采集浅层地热能，并在地能采集井附近设置浅层地热能集中换热站。分布式单井循环地源热泵系统的示意图如图5所示。系统利用采集井与换热站之间的一次采集管网将浅层地热能输送至集中换热站，再由换热站与分布式冷热源站之间的二次管网将浅层地热能分配至各个分布式冷热源站。分布式冷热源站根据建筑的分布情况设置，可一栋建筑设置一个，也可多栋建筑共用一个。分布式冷热源站内设置热泵装置及三次管网，通过热泵装置将末端循环水回水温度提升/降低至供暖制冷需求的温度后，由末端四次管网输送至各个建筑内供暖制冷末端系统，由建筑内的末端设备完成供暖制冷过程。

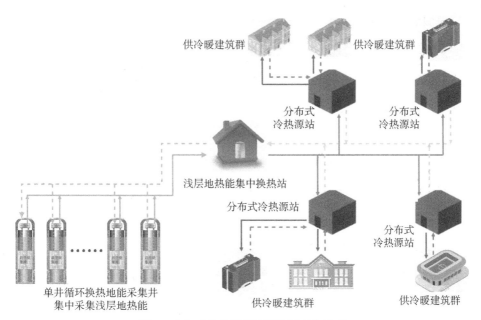

图5　分布式单井循环地源热泵系统示意

根据项目分期建设的需求，项目一期、二期各设置一套分布式单井循环地源热泵系统。其中一期设置地能采集井 22 套，集中换热站 1 座，分布式冷热源站 4 个；二期设置地能采集井 28 套，集中换热站 1 座，分布式冷热源站 3 个，具体设置见表 3 。

表3　分布式单井循环地源热泵系统配置

	系统序号	建筑物名称	分布式冷热源站配置	集中换热站配置	采集井配置数量
项目一期	恒有源分布式浅层地热能冷热源系统一	1# 小学部	1# 站	1 座	22 套
		2# 中学部	2# 站		
		3# 海外剧场			
		4# 综合体育中心	3# 站		
		滑雪厅			
		5# 冰雪中心	4# 站		
项目二期	恒有源分布式浅层地热能冷热源系统二	6# 国际部高中	5# 站	1 座	28 套
		7# 国际部初中	6# 站		
		8# 幼儿园	7# 站		
		后勤办公楼			

案例项目的设计特点与性能优势主要有以下三点。

一是集中采集浅层地热能，实现按需供能。项目建筑的用能多少、使用频率等各不相同，采用集中采集浅层地热能的方式，通过设定采集井循环水回水的温度调整其循环流量，实现按需取能，用多少、取多少、采多少，节约采集水泵电耗。

二是二次网闭式循环输送浅层地热能，降低输送能耗。项目建筑物分布高差达 60 米，若采用常规的地源热泵系统，需要将采集井的循环水直接输送至每个冷热源站中，每个采集水泵都需要克服地势高差带来的 60 米静压，总采集水泵电功率需要 1250kW。方案采用设置集中换热站的方式后，每口采集井的循环水只需要输送至集中换热站，而集中换热站设置在地能采集井附近，大幅降低了采集井循环水泵的扬程，总采集水泵电功率只需 750kW。由于设置集中换热站，需要增加设置二次管网输送循环泵，因集中设置的大容量水泵具有更高的效率，新增循环泵的总功率仅为 200kW，从而使采集系统的总电功率较常规系统减少了 24%。同时，二次管网输送循环泵采用变频控制，能够进一步降低实际运行的能耗。

三是分布式冷热源站按需设置，系统运行能效高。根据每个建筑的冷热负荷情况，合理设置分布式冷热源站内热泵机组的装机容量，并考虑部分负荷时的运行情况，采用多台机组、每台机组多机头设置，能够实现建筑供能量与建筑需求量的高度贴合，避免"大马拉小车"，提高热泵机组运行的平均负荷率和能效，降低系统运行能耗。

4.3 实施效果

项目采用单井循环地源热泵系统后，冬季供暖室内温度可达到 20℃以上，夏季制冷室内温度在 26℃左右，游泳池池水常年保持在 28℃，生活热水可常年保障供应，满足了项目的冷热需求，完全达到了设计指标，提高了建筑的舒适度。

项目一期 2021—2022 年的运行统计数据表明，供暖季总用电量为 259.03

万 kW·h，折合 318 吨标准煤。与采用电锅炉供暖比较，可节能约 800 吨标准煤，可减少 CO_2 排放 1976 吨，减少 SO_2 排放 16 吨，减少粉尘排放 8 吨，实现了较大的环境效益。

4.4 案例评价

该项目采用单井循环地源热泵系统，很好地解决了供暖制冷、常年泳池水维持温度和提供生活热水的需求，同时大幅降低了系统的运行能耗。系统运行没有任何污染物的排放，与项目所处的优越自然环境形成了统一。

该项目根据建筑分散、地形高差大、建筑用能需求差异性的特点，设计采用了分布式单井循环地源热泵系统的方式，实现了按需供能，按需取能，用多少、取多少、采多少，节约运行能耗。

案例的实施证明，单井循环地源热泵系统完全能够替代传统燃烧供暖方式，实现供暖、制冷、生活热水的清洁能源供应，具有很好的经济效益和环境效益。

恒有源科技发展集团有限公司（以下简称恒有源）成立于 2000 年，2009 年在香港上市，2012 年中国节能环保集团成为第一大股东。

在京港两地一体化管理模式下，恒有源以"让可再生的浅层地热能作为传统燃烧供暖的替代能源"为目标，利用浅层地热能无燃烧清洁供暖，完善发展可再生能源热冷一体化新兴产业是集团的主营业务，实现了原创浅层地热能采集换热技术的产业化发展。在与热泵技术相结合后，让低品位的浅层地热能（温度低于 25℃）成为建筑物供暖的替代能源。在北方供暖地区原有的传统燃烧、单一供暖的基础上，将供暖和制冷两个领域进行融合，发展为新时期地能热冷一体化的新兴产业。在规划与设计、可再生浅层地热能供给、智能制造、工程建设与管理、运行与维护五个产业板块的有力支撑下，恒有源已发展为集投、建、运于一体的清洁、智慧供暖的系统服务商，为北方智慧供暖开拓出了一条无燃烧、零排放、有效防治雾霾的新路子。

恒有源以原创的国际领先的"单井循环换热地能采集技术"为核心，安全、高效、省地、经济地采集浅层地热能，实现了"取热不耗水"，为大规模开发利用浅层地热能提供了有力的技术支撑。大量的与浅层地热能采集相关的专利技术，以及建筑机电安装工程专业承包一级资质，使公司具备了"系统交钥匙工程"的能力，为客户提供"一站式"清洁供暖（冷）服务。

大力发展浅层地热能供暖的同时，恒有源也始终专注无燃烧清洁供暖方式的差异化需求研究与推广，在低温空气源供暖领域取得了长足的发展，形成了以"高效供热／省电节能设计技术、低噪声设计技术、宽范围／多功能设计技术、高可靠性运行设计技术"为核心的产品技术体系。空气源供暖（冷）作为无燃烧清洁能源供暖（冷）的重要组成部分，与浅层地热能供暖多能互补，同样发挥了极其显著的作用。

恒有源以低温热源（浅层地热能、空气能）作为供暖替代能源，做到了让百姓采暖成本低于传统的直接燃煤采暖。截至2022年，集团已推广可再生能源替代供暖（冷）项目2107万平方米，其中集中供暖（冷）项目1878万平方米，分户供暖（冷）项目116万平方米（11466户）、分户空气能供暖（冷）项目113万平方米（9360户）。所推广项目可实现年节能量15.5万吨标准煤，实现供暖常规能源替代量25.9万吨标准煤，年实现清洁供暖二氧化碳减排量64万吨。目前公司直接负责供暖营运的项目有50项，涉及建筑面积279万平方米，年实现清洁供暖二氧化碳减排量8.5万吨。

恒有源集团在多年的科研与经营实践中，始终秉承着"求实、创新"的企业宗旨，追求人与自然的和谐共生。以提高百姓生活品质为目标，全力打造地能热冷一体化的新兴产业链。

新时期，恒有源集团将一如既往，携手社会各界共同担当保护碧水蓝天的勇士，为实现北方清洁智慧供暖、零排放的梦想继往开来、砥砺前行。

北京海淀外国语实验学校京北校区选址于张家口怀来县，自然环境优越。单井循环地源热泵系统是一种利用可再生能源满足建筑物供暖制冷需求的节能环保系统，系统运行没有污染物排放，能够和自然环境保持和谐，是京北校区供暖冷系统的首选方案。

该系统采用单井循环换热采集技术，在海淀校区应用超过了 20 年，经过多年应用证实该系统具有占地小、效率高、能耗低、运行稳定、控制方便等优点，一套系统就能够满足项目冬季供暖、夏季制冷、常年供应生活热水的需求。根据海淀校区多年的运行数据统计，系统全年供热、制冷和提供生活热水合计的单位面积耗电量为 52.66kW·h/m²，按照居民电价 0.4886 元 /kW·h 计算，全年运行费用为 25.72 元 /m²（151 天供热，100 天制冷，200 天热水，365 天泳池加热），较北京市执行的北京市非居民供热价格项目 47 元 /m² 节约 45% 以上。

系统在京北校区建成并实际投入运行后，经过了几个供暖季及制冷季的运行，统计数据显示京北校区全年供暖、制冷和提供生活热水总耗电量为 46.8kW·h/m²，按照居民电价 0.52 元 /kW·h 计算，全年运行费用为 24.4 元 /m²（146 天供热，200 天热水，365 天泳池加热，90 天制冷），与项目所辖地张家口市的供暖收费标准 44.1 元 /（m²·供暖季）相比，节约 44%（其中还不包含夏季制冷及全年生活热水的费用）。

单井循环换热地能采集系统运行过程中没有水资源消耗，对区域地下水状态和地质结构无影响，具有很强的适应性。该技术具有原创性，达到国际领先水平，已在美国等国家成功推广应用。

淄博市直机关第一综合办公楼热源塔热泵改造及能源托管项目

1 案例名称

淄博市直机关第一综合办公楼热源塔热泵改造及能源托管项目

2 技术单位

上海麟祥环保股份有限公司

3 技术简介

3.1 应用领域

我国建筑能耗管理存在一些比较突出的问题，主要是设计和建设管理模式较粗放，重规模轻效率，重建设轻管理，造成能源消耗高，利用效率低。这些问题在办公建筑、商场建筑、宾馆饭店建筑、文化教育建筑、医疗卫生建筑、体育建筑、综合建筑中尤为突出。

为了保证能源的可持续发展，管理和监督好这些建筑用能，上海麟祥环保股份有限公司自主研发出一种新型智能建筑管理系统，通过运用对建筑能耗的计量、监控、记录、统计、分析、优化和规划等手段，推动建筑能耗的智能化管理，使之成为合同能源管理不可或缺的手段之一。

3.2 技术原理

智能建筑管理系统的设备能效管理模块以"分散采集、集中分析、辅助决策、优化管理"为手段，致力于从成本、运行、维护、智能四个方面实现降低人工成本、保证运行品质、降低运行能耗、智能化运维的目标。

智能建筑管理系统的 AI 智慧能源站模块通过将所有的风机盘管和空调机组的运行数据接入智能建筑管理系统，实时监测每个建筑分区的舒适度信息，并将分区温湿度数据反馈到冷热源的优化控制中。全时段记录运行数据，实时检测设备性能变化，对异常的性能衰减给出提示信息。智能优化控制系统根据天气、季节、时段等从其历史数据库中检索相近模式下的历史数据，结合天气预报数据，预测出 24 小时内的逐时负荷。使用算法模拟系统进出水温度、压力、流量、水泵频率、阀门开度等各系统参数之间的变化规律，并与预测的逐时负荷联立成一个方程组，通过建立一个动态的系统模型进行求解。根据室内人数和室外气候变化预测用户端的冷热需求，利用系统模型求解系统的各个运行参数，制定最佳的运行调控策略，进而实现系统实时最优运行管控。负荷预测原理如图 1 所示。

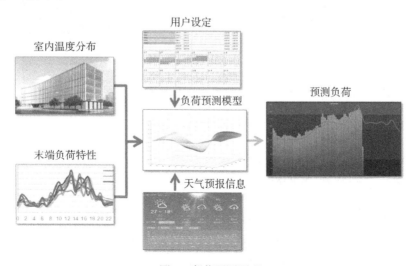

图 1　负荷预测原理

空调设备供应商通常会提供各类设备的性能数据，该类数据是在实验室环境和标准工况下得到的，但空调系统设备在工作一段时间后会出现不同的性能退化，常规自控系统无法检测判别等变化。智能建筑管理系统采用非线性支持向量机（SVM）技术对设备的性能模型进行在线辨识，这一技术不仅能实时跟踪主要设备的性能变化，而且可对性能明显退化的设备给出维护建议。同时设备的实时性能数据也作为优化引擎的必要输入，智能控制单元能根据设备性能差异、系统负荷需求，合理调控各设备的运行工况，达到全系统运行效率最优化。

智能建筑管理系统内置运维管理模块可以按照自定义模式自动运行，对设备巡检、维修、保养等运维功能自动派发与流转，实现了工单触发、任务分派、验收、反馈、预防性维护和考核的闭环流转。

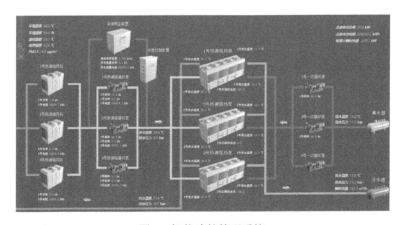

图 2　智能建筑管理系统

3.3　关键技术及创新点

与其他建筑管理系统不同的是，本系统和能源管理平台不仅实现了系统集成、优化控制、能源管理、设备运营管理和建筑信息模型五大功能的融合，也完成了楼宇全过程数据信息的统一平台整合。通过采集系统实时运行参数，建立动态系统模型，对建筑各系统之间的关系进行解耦，实时优化模拟计算系统用能，实现系统的实时最优运行管控和全生命周期内的运行维护功能。

此外，本系统的 AI 智慧能源站模块采用了专业的冷冻机房 AI 模型算法库和专利技术，其基本的功能如下。

（1）根据末端实时用能调配主机功能管理，动态模拟机组效率曲线，根据用户需求的变化及时调整机组的供冷供热量，实现按需供能和机组最佳效率工况运行。

（2）根据环境温度和系统用能需求，调配冷却塔运行台数、风扇频率和冷却水泵的运行频率，优化冷却塔供水温度和水量，实现机房效率的动态寻优。

（3）根据系统末端负荷的变化调节空调循环泵的频率，动态匹配末端冷冻水量需求。当系统末端负荷增加（减少），系统末端的电动阀门开度增大（减小），系统压差会有相应的减少（增大），控制系统接收到相应的压差变化，调节水泵的频率，增加（减小）一次变频泵的水量，来满足系统负荷增加的需求。同时通过供回水温度对冷冻水量反馈修正，满足系统水量需求的同时实现系统最佳的供回水运行温差。

（4）动态监控、记录空调主机、水泵、冷却塔等用能设备的运行状态和报警信息，根据机组运行状态自动切换运行台数、运行状态，实现自动运行无人值守机房。

3.4　技术先进性及指标

（1）三维可视化智能建筑管理平台实现了系统集成、智能化控制、能源管理、设备运营管理和建筑信息模型五大功能的融合，为建筑全生命周期内的管理提供决策依据和统一管理平台。

（2）智慧冷源控制系统使用专业的 AI 模型算法库，专为提高用户舒适度和行业领先的能源效益而设计，使冷源系统的年平均运行效率理论值达到0.5KW/RT 以上。

（3）开放的平台接口，能够通过通用的通信协议实现与第三方软件兼容的需求。

4 典型案例

4.1 案例概况

淄博市值机关第一综合办公楼项目为淄博市行政服务主要办公场所，总面积约40380m²，地上25层，地下2层。在节能改造项目实施前，办公楼采用4套2005年安装的风冷螺杆式热泵机组进行供冷供热，制冷量/制热量为1012/1174kW，地下二层机房设有2台电锅炉在冬季辅助提供热源。

淄博市值机关第一综合办公楼整体空调系统设备老旧，运行能效偏低。统计数据表明，其2017—2019年总用电量分别为338.5万kW·h、371.2万kW·h、374.9万kW·h，其运行能耗逐年升高，单位面积耗电量最高达到92.8kW·h/m²·a。

4.2 实施方案

针对项目的实际情况，上海麟祥环保股份有限公司为项目提供了以运用智能建筑管理系统和改造重点用能设备为主要节能措施的综合解决方案，具体改造措施如下。

（1）空调系统：使用热源塔替换原有老旧低效的冷水机组进行制冷和采暖，提高主机能效比，满足实际的供暖和制冷、节能、环保的要求。热源塔的夏季制冷效率与水冷冷水机组相当，冬季供热无结霜问题，设备利用率高，安装使用不受地质条件限制。

（2）照明系统：采用更加高效、节能、环保、长寿命的LED灯具替换传统灯具。

（3）机房群控系统：新增机房控制系统，整合中央空调系统各部分，优化水泵变频系统提升输配系统和主机能效，自动控制实现整体系统效率最优化。大大减少人工投入，同时便于改造后日常管理。

（4）智能建筑管理系统：增加电能计量，配合智能建筑管理系统，掌握大楼内用能设备用能情况，为节能管理工作提供了支撑。

4.3　实施效果

项目于 2019 年底签订合同，2020 年 4 月进入工程实施阶段，5 月主体工程施工完毕，12 月改造工程冬夏季调试全部完成，施工过程如图 3 至图 6 所示。

图 3　改造前空气源热泵室外机布置

图 4　热源塔现场吊装

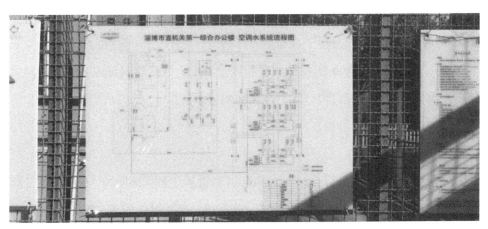

图 5　空调水系统流程

图 6　热源塔改造后现场

表 1 列出了项目主体改造前后的能耗数据。考虑托管前的 2017 年、2018 年、2019 年，该项目主体的用能量逐年上涨，2019 年为最高值，因此采用 2019 年用能量作为对比基准。

表1 项目改造前后能耗数据

用能年度	2017 年	2018 年	2019 年	2020 年	2021 年	2022 年
建筑总面积（m²）			40380			
总用电量（万 kW·h）	338.5	371.2	374.9	299.5	265.9	230.2
单位面积耗电量（kW·h/m²）	83.8	91.9	92.8	74.2	65.8	57.0
年能耗折算标准煤（tce）	1020.6	1119.2	1130.3	903.0	801.7	694.1
单位面积用能（kgce/m²）	25.3	27.7	28.0	22.4	19.9	17.2

注：根据国家统计局 2022 年发布的全国电力工业统计数据（6000 千瓦及以上电厂供电标准煤耗），电力折标准煤系数取 0.3015kgce/kW·h。

以 2019 年为基准，对 2020—2022 年的单位面积用电量和折算标准煤量进行计算，平均每年节约用电量 109.7 万 kW·h，年平均节约标准煤 330.7 吨，较改造前的 2019 年的年综合节能率达到 29.3%。

4.4 案例评价

本案例采用了以智能建筑管理系统为核心，依托合同能源托管型合作模型，对淄博市直机关第一综合办公楼进行节能改造，该案例具有以下特点。

（1）智能建筑管理系统：上海麟祥环保股份有限公司自主研发的智能建筑管理系统，不仅实现了系统集成、优化控制、能源管理、设备运营管理和建筑信息模型五大功能的融合，也完成了楼宇全过程数据信息统一平台的整合。最终实现楼宇可视化、全生命、全方位、一体化管理的目标，让数据驱动管理运维。

（2）合同能源托管型模式：本案例以合同能源托管型商务模式落地成功，推动了社会资本参与公共机构节能工作，通过市场化机制激发市场主体活力，推进公共机构绿色低碳转型，有利于贯彻落实党中央、国务院关于碳达峰、碳中和决策部署。

（3）热源塔应用场景创新：常规热源塔的运行最低工作环境温度通常

为 –8℃左右，室外气温低于 –8℃时，热源塔盐溶液就会有结冻风险。而中国天气网给出的淄博气象资料显示，淄博市的极端气温最低可达 –23.0℃，冬季空调计算室外温度在 –9.1℃左右。而本案例采用的热源塔机组可在环境温度 –12℃的情况下正常运行，为热源塔技术在我国北方地区的应用提供了实际应用案例。

技术单位介绍

上海麟祥环保股份有限公司是一家致力于公共机构碳中和服务的高新技术企业和专精特新企业，依托自有知识产权的智能建筑管理系统和能源管理平台，通过合同能源托管的方式为公共机构提供数字化综合能源解决方案。公司可为用能单位提供设计咨询、投资建设、运营管理的全过程服务。公司目前拥有发明和软著专利 40 余项，参与制定国家和地方规范、标准 10 余部。

公司以智能建筑管理系统为核心，辅助以相应的节能改造措施，采用能源托管模式，在华东医院、南京水游城假日酒店、上海贝多芬广场、陕西省戒毒管理局办公大楼等项目中实施系统性的节能服务，项目的综合节能率达到 15% ~ 30%。其中，华东医院项目更是获得了联合国开发计划署、全球环境基金中国公共建筑能效提升项目市场机制示范子项目的称号。

公司目前已与全国多个地市形成合作，在全国 10 余个城市设置分支机构，将助力全国医院、学校、政府机关等公共机构实现碳达峰、碳中和的战略目标。

企业故事

上海麟祥环保股份有限公司核心技术团队由一群年轻研究生、本科及经营丰富的工程师组成，他们有梦想、有担当。在淄博市直机关第一综合办公楼热源塔热泵改造及能源托管项目中更体现了团队成员刻苦钻研的精神。

为保障项目顺利进行，按时验收交付，及时处理、解决实施过程中的突发情况，技术工程师同施工人员在现场驻扎近 2 个月，其中 1 个月正好遇到雨季，他们卷起裤脚，挽起衣袖，戴着安全帽每天准时出现在项目现场。在困难面前，他们丝毫不退缩，勇于克服所有难点，与时间赛跑，与天气抗衡。在现场吊装条件不允许的情况下，公司领导小组远程指挥，工程师们突破一个个技术难点，最终交上了一份满意的答卷。

2018—2022 年，公司与华东医院、徐汇行政服务中心、南京水游城、上海贝多芬广场、淄博市直机关第一二综合办公楼、南昌绿地缤纷城等项目签订了合同能源管理合同，业务覆盖到商业、酒店、办公楼、医院、学校等多种类型建筑，业务包括节能效益分享型、托管型和融资租赁型等类型。公司的年节能业务收入达到 6000 万元以上，年节约标准煤超过 3000tce。其中，公司和淄博市机关事务管理局合作，率先推动全市公共机构能源费用托管工作，为公共机构能源费用托管业务起到了很好的示范作用。

伴随着公司的成长和壮大，公司不断拓展业务的广度和深度，发展成以智能建筑管理平台结合能源费用托管的商业模式为主要形式的综合能源服务业务，同时结合"双碳"目标国家战略推动，积极开展双碳业务，如森林碳汇开发、碳盘查、碳咨询和碳资产管理和交易等。此外，公司响应上海市实现"双碳"目标号召，开展超低能耗园区、净零碳社区以及分布式能源站建设项目。

2019 年 12 月底淄博市机关事务管理局与上海麟祥环保股份有限公司签订改造合同，上海麟祥环保股份有限公司共投资 536 万元，对市直第一综合办公楼进行供暖、制冷、照明、节水等项目技术改造，将综合楼改造前能源费用的 97% 托管给节能公司，3% 为财政收益，托管年限 12 年。合同期内，节能公司可通过先进节能技术和科学管理模式收回投资成本，并获得合理利润。

该项目设备投运以来运行正常，机关工作人员反映良好。据初步统计，整个项目一次性节约市财政资金500余万元，每年同比减少能源资源费用60余万元。

上海麟祥环保股份有限公司优化设计了设备节能和智能化建筑管理系统相结合的完整解决方案，在淄博市直机关第一综合办公楼采用合同能源托管的方式提供综合能源托管服务，项目节能率达到28.9%。案例节能服务示范效用明显，可在公共机构范围节能领域大力推广。

中云信顺义云数据中心空调系统水储能项目

1 案例名称

中云信顺义云数据中心空调系统水储能项目

2 技术单位

北京英沣特能源技术有限公司

3 技术简介

3.1 应用领域

北京英沣特能源技术有限公司研发的空调系统储能优化技术，配置有可调节型布水器的储水罐，主要运用于数据中心和其他大型建筑的空调机组，不仅可优化机组运行提高 COP，也可利用电网峰谷电差价移峰填谷节省运行成本。

蓄冷系统作为应急冷源系统，通过保障数据中心供冷不间断，从而高效缓解数据中心供冷故障时的温度上升，以及引发的一系列故障，保证数据中心的安全运行。配置蓄冷系统是目前解决数据中心应急供冷性价比最高的技术方案之一。

3.2 技术原理

空调系统水储能优化技术是利用冷/热水储能系统，在电力负荷很低的夜间用电低谷期，增大空调机组运行负荷进行制冷或制热，并将部分能量储存起来，在用电高峰期，减小空调机组运行负荷，而把储存的能量释放出来，以满足客户冷热负荷的需要。对用户来说，利用峰谷电价差可节省冷热源系统的运行费用，并利于调整机组在能效较佳的工况运行；对国家电网来说，可提高可再生能源的利用率和电网效率，从而实现节能降碳。配置中央空调系统的常规建筑用电负荷如图1所示，中央空调系统配置储能系统后的建筑用电负荷如图2所示。

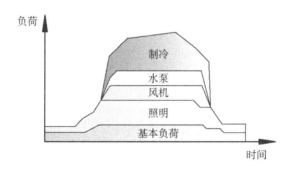

图 1　常规建筑用电负荷

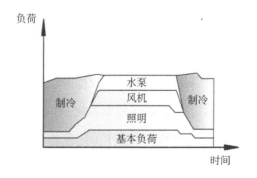

图 2　配置储能系统后建筑用电负荷

储能系统的水蓄冷罐可采用闭式罐或开式罐，单、多层数据中心常采用开式水蓄冷罐，高层或不具备开式水蓄冷罐安装条件的数据中心常采用闭式水蓄冷罐。

图 3 为一种空调开式罐储能系统原理图。该系统设置有独立的释冷泵，在释冷工况时工作。在蓄冷工况时，释冷泵旁路阀开启，制冷系统循环泵作为蓄冷循环水的动力。

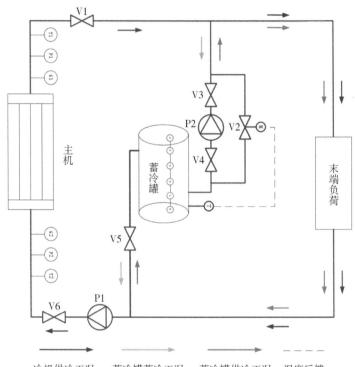

图 3　空调开式罐储能系统原理

图 4 为一种二级泵空调水储能系统。该系统冷源侧设置冷冻水一级泵，机房空调侧设置冷冻水二级泵。水蓄冷罐出水口接在冷冻水二级泵入口母管上，冷冻水二级泵可兼做释冷泵。

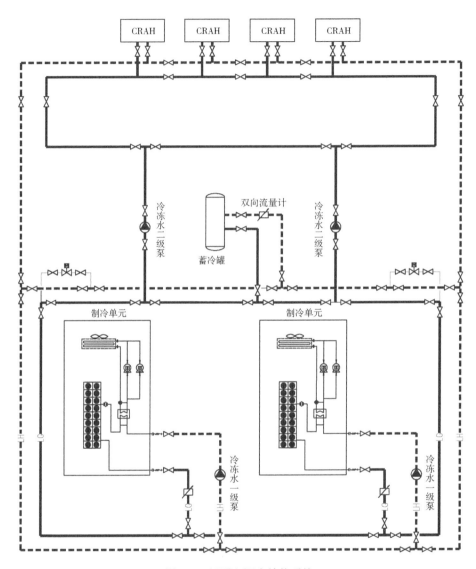

图 4　二级泵空调水储能系统

二级泵系统运行模式之间切换无须控制系统控制，冷水机组因正常操作、故障、掉电等原因发生停运时，水蓄冷罐可无缝衔接释冷，供冷可靠性高；冷冻水二级泵兼做释冷泵，可降低不间断电源设备投资。此系统适用于对供冷可靠性要求高或供冷距离长、水系统阻力大的数据中心。

夏季空调系统运行时，在电网用电谷段和平段，冷水机组及备用制冷机组为蓄冷罐蓄冷，用电高峰时段蓄冷罐为机房供冷；空调系统在过渡季节和冬季运行时，若自然冷源满足运行条件，则由自然冷源为机房供冷和为蓄冷罐蓄冷，若自然冷源在日间达不到运行条件，则由蓄冷罐为机房供冷。

3.3 关键技术及创新点

（1）关键技术。

①自调节型高效水储能设备。水储能系统的核心设备是储能水罐/水池，本技术所开发设计的储能容器包括卧式承压储能罐、储能水池、立式承压储能罐、开式储能罐等多种形式，如图5所示。

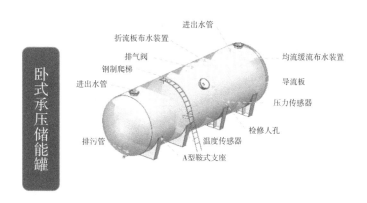

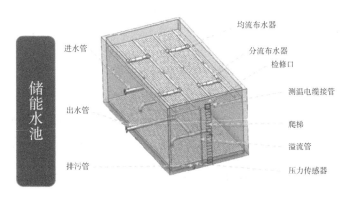

图5　储能水罐和储能水池（1）

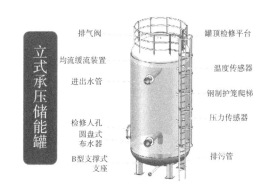

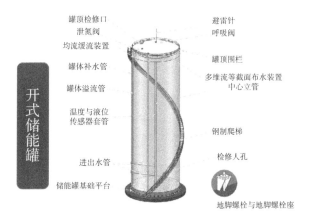

图5　储能水罐和储能水池（2）

因密度的影响，自然分层储水罐的下部水温低于上部，且在上下之间存在一个温度梯度较大的斜温层，斜温层上下部分的垂直温度变化都较小。为了提高自然分层水的储能效率和供冷/热质量，需阻止储水罐下部的冷水和上部的热水相互混合，因而使斜温层尽可能保持稳定十分重要。

为了实现自然分层的目的，要求在储能的蓄、放过程中，空调回流温水始终从上部散流器流入或流出，而冷水从下部散流器流入或流出，尽可能使水流平缓水平分散流动，依靠密度差逐渐产生上下分层分布，避免因惯性使水流产生较大的上下流动而破坏自然分层和斜温层的稳定。因而自然分层水储能系统中，引导蓄水罐顶部和底部水流进出的布水器的设计特别重要。

有关研究表明：斜温层的水力学特性可由弗劳德数（Fr）和雷诺数（Re）两个无因次准则数决定。Fr准则数表示作用在流体上的惯性力与浮力之比，当Fr ≥ 2时，惯性流会造成明显的上下层混合现象。布水器的设计主要是控制水流的Re值，其可反映流体惯性力与黏滞力的比值。若Re值过大，由于惯性流而引起的冷、温水混合将加剧，将使相同储能量所需的罐体容量增大。对高度大于5m的储能槽，Re值通常需控制在240 ~ 800。

对于传统蓄水罐，若罐内存水用于消防或者空调系统补水后液位下降超过一定值，上布水器将失去布水功能。高效水储能设备则具有自调节功能，自控装置可根据液位信号对上布水器进行自动调整，以使其在到达合理的高度下使用。

另外，自调节型高效水储能设备能同时满足储能运行、应急供水、自然冷却等多种应用，根据实际流量调节布水器的孔径和数量以使布水器达到最佳的性能。

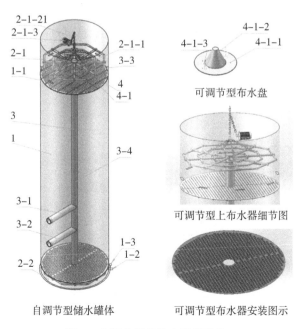

自调节型储水罐体　　　可调节型布水器安装图示

图6　自调节型高效水储能设备

如图 6 所示，自调节型高效水储能设备包含罐体 1、压力传感器 1-3、上布水器 2-1，下布水器 2-2、中心立管 3 以及布水板 4。上布水器 2-1 安装在中心立管活动部分 3-3 上，上部由锁链拉起，总拉链末端连接在电动机 2-1-3 上。

储能设备内的布水器必须埋设在水中才能有效发挥作用，所以当罐体液位下降时，上布水器也需要相应地下移。当储能设备液位下降时，测量水位的压力传感器将液位信号传输至控制系统，电机运转将总拉链放长，上布水器和中心立管活动部分向下移动到与液位相对应高度。

可调型布水盘包含布水圆盘 4-1-1、凸台 4-1-2 以及弹簧 4-1-3。布水盘安装于布水板上的布水孔中，凸台深入布水孔中。

自动调节型布水盘可以根据流量调节布水孔与布水盘凸台之间的间隙，使水流分配得更加合理、均匀，布水效果更好。

②储能设备优化运行控制。空调系统水储能优化技术设有储能设备监测分析系统，可为用户优化运行管理提供分析数据和图表。监测分析系统由传感器、数据采集控制柜、显示触摸屏等组成。在模拟量模块集中采集温度、压力数据后，通过逻辑控制器、RS485 硬件接口以及标准 modbus-RTU 协议将数据上传至上位机控制系统。如图 7 所示。

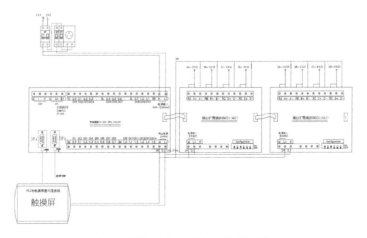

图 7　储能设备监测分析系统示意

在储水罐中，沿着竖直方向等间距设置温度探点，可供监测分析系统实时监测储能设备中的温度变化和温度梯度，计算蓄冷量。

每台储能设备均配有独立、专用的智能控制箱，能够实时采集分析各传感器的数据并进行相应优化控制操作，以充分挖掘储能设备的潜力，使之保持最佳性能。在储能设备进行削峰填谷运行时，系统可确保数据中心保留有15分钟应急供冷的冷量。

储能系统可配置全链条智能控制技术，将数据中心末端、冷源和AI算法进行有机统一，通过归纳总结末端"5R"（房间、地板、机柜、空调、循环）的气流控制理论、冷源"5S"（5个标准）的标准化控制逻辑及AI"5L"（5个层次）的阶梯寻优控制，有效提高数据中心空调系统的安全性和节能性，具有很强的技术前瞻性和延展性。

③CFD模拟储能罐布水设计。储能罐的布水设计是储能设备，乃至整个储能系统的重中之重。布水设计的好坏，直接关系到储能设备的蓄放能效率，进而影响系统运行的经济效益。CFD模拟是布水设计较为关键的步骤和性能保障手段。

在具体项目设计时，根据公司数据库大量设计参数，并结合实际运行工况，借助CFD流体动态模拟软件，可定制化为客户设计效率高、耐用性强、科学合理的布水装置。如图8所示。

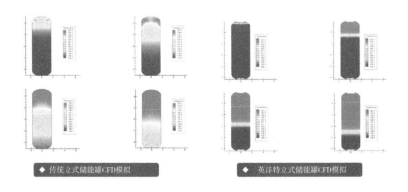

◆ 传统立式储能罐CFD模拟　　　◆ 英洋特立式储能罐CFD模拟

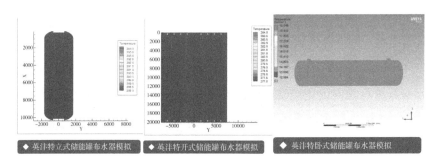

图 8　储能罐布水设计的模拟图示

（2）主要创新点。

通过优化配置可调节布水器与运行方式，增加了大容量储能设备的容积有效利用率，增强了储能系统削峰填谷的能力。将冷却水补水与储水罐结合，可通过储能设备提高系统运行的稳定性和安全性。在长时间停水条件下，通过调节布水器高度，来保障冷却水供水和制冷系统的正常工作，与同类产品相比，运行可靠，投资小，经济效益好。

3.4　技术先进性及指标

（1）技术先进性。

①储能系统有效容量大、调节能力更强，可进一步优化运行方式，增加空调系统主机在满载 / 额定工况下的运行比例，从而提高了制冷机组的 COP 值，并延长机组的使用寿命。

②夜间蓄冷工况下，冷机可以满载运行，同时夜间环境温度较低，冷却塔、冷机效率更高。

③在开式循环冷却水系统中，冷却水系统需要配置存水箱并进行补水。该技术配置有容量较大的储水罐，可通过可调节布水器，将冷却水补水存储到储水罐中，在长时间的停水条件下，也可满足空调冷却水系统的补水要求。

④储能设备可以作为备用应急冷热源使用，提高了供冷供热系统的安全性。

⑤数据中心使用前期的平均负荷率较低，配置储能装置后，空调系统的运

行稳定性、节能效益和经济效益十分突出。

⑥储能系统可利用峰、谷分时电价政策，增加电网低谷时段用电量，减少高峰时段用电量，使制冷系统运行费用大幅降低。

（2）主要技术参数与指标。

本项目选用 2 台 18000m³ 容积的水蓄冷系统及配套系统，设计夜间每台蓄冷罐采用 2600RT 的制冷主机为蓄冷罐蓄冷 7 个多小时。蓄冷罐蓄冷总量293090kW·h，供回水温 13 ～ 20℃。系统在高峰用电时段释放蓄冷量，每日预留部分冷量用作应急供冷。

斜温层的厚度和稳定性是衡量储能槽蓄冷效果的主要指标，本系统蓄水罐通过可调节补水器可始终控制斜温层厚度小于 1 米。

本储水罐配置的调节控制系统，控制水层温度的精度可达 ±0.2℃，蓄冷量计算值误差在 ±2%。

布水器模型及核心指标如图 9 所示。

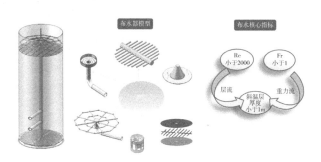

图 9　布水器模型及核心指标

4　典型案例

4.1　案例概况

案例建设单位中云信顺义云数据中心位于北京市顺义区赵全营镇兆丰产业基地，建筑面积为 4 万平方米。中云信顺义云数据中心新建的储能设备采用 2

台 18000m³ 的储水罐体，是目前亚洲单罐蓄水量最大的储能设备。储能设备可用于移峰填谷和应急供冷，每日单台储能设备预留 1200RTH 的冷量作为应急供冷备用冷源。建设水蓄冷系统后，项目年节省费用额度为 1009.8 万元，节省率高达 25.43%。储能设备应急供冷时流量比移峰填谷时放冷流量大，布水器可以根据流量变化自动调节布水器出口孔径和流速，使布水达到最优效果。储能设备及温度监测曲线如图 10、图 11 所示。

图 10　中云信顺义云数据中心储能设备

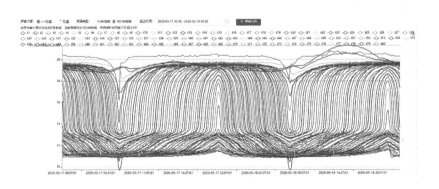

图 11　储能设备温度监测曲线

4.2 实施方案

（1）储能系统配置。

①冷水机组供冷模式。冷水机组供冷模式下，冷水机组为机房空调冷冻水系统供冷，并保持水蓄冷罐蓄冷量。流经水蓄冷罐的水量由一、二级泵的水流量决定，当二级泵水流量小于一级泵水流量时，过量的冷冻水将会流入水蓄冷罐。冷水机组供冷模式下，水蓄冷罐通常处于"蓄冷"状态。如图12所示，冷水机组供冷模式下，图中粗线管路有水流通过，细线管路无水流通过。

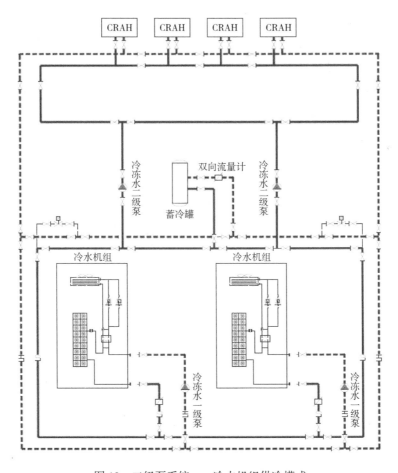

图12　二级泵系统——冷水机组供冷模式

②水蓄冷罐供冷模式。水蓄冷罐供冷模式下，冷水机组停止运行，机房空调系统由水蓄冷罐供冷。此时冷水机组、冷冻水一级泵停止运行，冷冻水二级泵兼做释冷泵运行，二级泵水流量大于一级泵，来自机房空调的冷冻水流入水蓄冷罐，水蓄冷罐自动进入释冷状态。冷冻水二级泵需配置不间断电源。如图13所示，水蓄冷罐供冷模式下，图中粗线管路有水流通过，细线管路无水流通过。

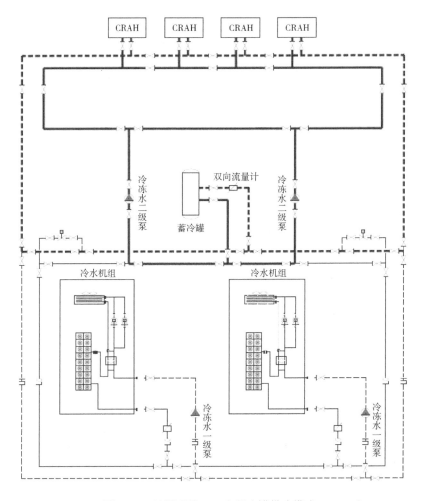

图 13   二级泵系统——水蓄冷罐供冷模式

③设备和系统的设计参数如表 1 所示。

表1 设备系统设计参数

序号	设备名称	参数	数量	备注
1	离心冷水机组	制冷量 9144kW，配电量 1270kW	8	2N
2	板式换热器	换热能力 9144kW	8	2N
3	冷冻水一次泵	流量 1180m³/h，扬程 22m	8	2N
4	冷冻水二次泵	流量 1180m³/h，扬程 30m	8	2N
5	蓄冷罐	直径 24m，容积 18086m³		
6	冷却塔	流量 1572m³/h，功率 15×4kW	8	2N
7	冷却水泵	流量 1650 m³/h，扬程 35m	8	2N

④运行工况分析如表 2 所示。

表2 运行工况分析

电价分类	运行工况	天数	工况说明
非夏季	全自然冷源	113	全天使用自然冷源
	部分自然冷源	42	夜间使用自然冷源蓄冷，白天无法使用自然冷源的高峰期及平段期放冷（非夏季部分自然冷源 A 工况）
		16	全天无法使用自然冷源，夜间用空闲冷机蓄冷，白天高峰期放冷（非夏季部分自然冷源 B 工况）
	无自然冷源	132	全天无法使用自然冷源，夜间用空闲冷机蓄冷，白天高峰期放冷
夏季	全自然冷源	0	全天使用自然冷源
	部分自然冷源	0	夜间使用自然冷源蓄冷，白天无法使用自然冷源时段放冷
	无自然冷源	62	全天无法使用自然冷源，夜间用空闲冷机蓄冷，白天尖峰期和高峰期放冷

夏季空调系统运行时，夜间和平段冷水机组及备用制冷机组为蓄冷罐蓄冷，用电高峰时段蓄冷罐为机房供冷；空调系统在过渡季节和冬季运行时，自然冷源满足运行条件时，由自然冷源为机房供冷，若自然冷源在日间达不到运行条件，则由蓄冷罐为机房供冷。

（2）储能装置的安装。

本工程罐体采用倒装法制作，罐底施工完成后，再进行罐顶预制与焊接。罐顶部焊接完成后，罐顶部吊装升起，焊接安装罐壁。预制加工的蓄冷罐顶板、壁板以及布水器通过运输到现场进行组装。

布水装置的安装在蓄冷罐本体制作完毕后进行。在蓄冷罐的运行过程中，布水装置不仅要均衡布水，而且要尽量使罐体中水温保持均衡，布水装置的安装质量对蓄能效果的影响很大。

布水器是由干管、支管、布水孔组成的。上布水器开孔朝上，下布水器开孔朝下。通常上布水器采用吊架固定，下布水器采用支架固定。上层圆盘布水器安装到罐体内后，再在其上方安装孔板布水器。下层布水器与上层布水器为镜像结构，孔板布水器安装在圆盘布水器的下方。

储能装置的安装现场如图14所示。

图14　储能装置的安装现场

4.3　实施效果

中云信顺义云数据中心项目一、二期共采用2台18000m³储能设备用于移峰填谷和应急供冷。一期夜间采用2台主机蓄冷7个多小时，总蓄冷量为2600RT·h，放冷时间分别在10：00—15：00和18：00—21：00。配置蓄冷系统后，空调系统每天白天可以消减7个多小时的高峰负荷。储能系统设计每日预留 1200RTh 的冷量作为应急冷源。

本项目应用空调系统储能优化技术后，每年减少 74 万度的用电量，可节约 225.7 吨标准煤，减少 2.1 吨的烟尘、554.5 吨的二氧化碳（CO_2）、3.7 吨二氧化硫（SO_2）和 3.5 吨氮氧化物（NO_X）的排放。如表 3 所示。

表3 节能减排指标

参数		应用技术前	应用技术后
用电量	尖峰	130.7 万度	0
	高峰	909.4 万度	64 万度
	平段	952.9 万度	932.5 万度
	低谷	804.3 万度	1726 万度
电费		2284.83 万元	1274.66 万元
效果		减少 976 万度的高峰用电量 减少 20.4 万度的平段用电量 增加 921 万度的低谷用电量 合计年节约电量 74 万度 合计年节约电标准煤 225.7 吨 年省运行费用 1010.2 万元	

4.4 案例评价

数据中心配置储能设备后，不仅可提高制冷系统的平均 COP，节约用电量；还可以作为备用应急冷源使用，提高供冷系统的安全性；另外，储能系统可多利用电网低谷时段发电量，而减少高峰时段用电量，利用峰、谷分时电价政策，使制冷系统运行费用大幅降低，具有良好的经济效益。

北京英沣特能源技术有限公司（以下简称英沣特）创建于 2007 年，是一家集科研、生产、销售与售后服务于一体的国家级高新技术企业。公司自水储能技术开发利用起步，以综合节能高效运行为发展核心目标，通过综合节能技术

积极推动数据中心、能源站（含蓄热）、电子厂房等行业数字化、智能化、低碳化发展，为客户优化系统节能方案、保障系统安全高效运行提供技术服务；同时，公司兼顾合同能源管理，为客户提供资金解决方案。

英沣特始终坚持以技术为先导、以质量为生命的发展思路，现已拥有50多项专利，参编近20项行业和国家标准。近年来公司与清华大学、中国建筑科学研究院等科研院所合作，共同承担了多项国家级、市级重点项目及课题研究。

英沣特致力于树立高端品牌战略意识，以其完善的资质体系、全面的生产销售管理体系、配套的售后服务中心，及专业的研发团队、技术服务团队和管理团队，服务于三大运营商、BATJ、润泽、万国、金茂绿建、北燃、上海西虹桥新能源、中节能、一汽大众、北京汽车、广药白云山、北京同仁堂、亿纬锂能等企业，在全球拥有700多个业内储能标杆案例，储能规模达93万 m³。目前，英沣特在国内拥有五大办事处、三大生产基地，并在六大区配备有专业的销售和服务中心。

北京英沣特能源有限公司成立十六年来，坚持"成为中国一流的综合节能服务商"的目标，秉承着"以客户为中心，以奋斗者为本"的理念不断发展壮大。

公司自水蓄能技术开发利用起步，经过长期的技术研发和大量的案例积累，其水蓄能技术因同时具备蓄冷、蓄热的双蓄能力，适用广泛，效益突出，成为众多领域和行业能源转型的不二选择。

核心产品获选为"北京市新技术新产品""北京市电力需求侧管理技术（产品）""节能低碳技术产品"，获得"数据中心优秀产品应用奖""中国电子节能重点推荐产品技术"等荣誉。

在当前绿色数据中心集成建设需求不断增长的趋势下，英沣特结合自身深耕储能行业多年的经验和积累的客户需求，以资深的团队和强大的研发能力，核心产品在新型数字化工厂、数据中心、能源站等多领域应用，成为推动5G、互联网、人工智能等新一代信息技术发展的核心基础设施保障。以综合节能高效运行为发展核心目标，坚持创新为第一驱动力，持续加大研发力度，为数据中心用户节省可观的中央空调年运行费用，实现大温差送水和应急冷源，平衡电网负荷，减少电厂投资，净化环境，提质降本增效，广泛应用于工业、新能源、信息集成等行业。公司依靠先进的技术、管理方法及企业经验，以"安全环保促生产"为愿景，致力于打造成能源环保行业世界知名品牌。

新的发展目标促进技术的创新，在英沣特人的不断努力下，公司也收获了喜人成就：在与华中科技大学、中国建筑科学研究院等科研院所开展技术合作的过程中，共同承担了多项国家级、市级重点项目及课题研究，其中"中云信顺义云数据中心空调系统水储能项目"入选国家节能中心第三届中电节能技术应用典型案例，北京市房山中恩云计算数据中心"AI+BA"系统项目入选中国通信企业协会大数据中心高质量发展企业案例。

联合清华大学在数据中心节能领域进行深入研究，创新成果先后多次引领行业技术发展。自研负荷侧储能与AI控制系统，完成数据中心制冷设备底层模型的开发和算法优化，解决过渡季节切换、不同负载调优等问题，PUE降低至1.16，节能率可达35%，结合AI技术实现数据中心系统全自动控制与节能运行，数据中心绿色节能效果较之以往提升50%以上。自研布水器研发及检测平台，结合流体仿真模型，依据设计工况下布水器各部分的流体速度矢量云图、介质分布情况不断优化，对蓄冷罐等设备进行实时监测和预测性维护，提升布水装置工作效率达95%。获得发明专利4项，成果已产业化落地，并荣获中国节能协会的科技进步奖、中国电子学会进步三等奖（KJ2022-J3-40-D03）等荣誉。

拥有核心自主知识产权50余项，参与制定GB/T 40510-2021《车用生物天然气》、GB/T 40506-2021《生物天然气术语》、JG/T 403-2013《辐射供冷及供暖装置热性能测试方法》等近 10 项国家及行业标准。为华为、惠普、中石化等龙头企业提供优质服务，获得客户一致好评。

在绿色数据中心技术方面获得了 1 项数据中心冰蓄冷水蓄热的发明专利、12 项数据中心创新技术的实用新型和 6 项数字化绿色数据中心相关的著作权，2021 年入选工信部"绿色数据中心先进适用技术产品目录"，2022 年入选工信部"企业绿色低碳发展优秀实践案例名单"，2022 年 10 月入选国家节能中心第三届重点节能技术应用典型案例。

英沣特一直致力于为数字化绿色数据中心建设、发展、运营提供解决方案，在关键技术、工艺和工序集成优化方面，成为 14 家被列入国家级绿色数据中心单位的服务商之一，并为 300 多家国内绿色数据中心建设项目提供了先进水蓄冷技术支撑与服务，占全国数据中心 30% 以上。

英沣特秉承绿色节能理念，始终坚持以科技创新为己任，不断驱动技术革新，为行业发展持续发力，以一流的技术铸就行业翘楚，为"双碳"发展献力；以赤诚之心携手广大同人，共同促进数字科技的高质量发展。

中云信顺义云数据中心采用了北京英沣特能源技术有限公司提供的 2 台 18000m³ 开式蓄冷罐。蓄冷罐在空调系统中不仅作为移峰填谷的调控装置，而且是应急供冷系统的冷源。蓄冷罐在移峰填谷模式运行时，可为数据中心节省电量和费用；蓄冷罐在应急供冷模式时，可以为数据中心提供 15 分钟的应急冷量。

由北京英沣特能源技术有限公司设计和制造的开式蓄冷罐及配套系统，各项指标均满足技术规范、设计和现场要求。自运行以来，所有设备和配套系统均运行良好，运行费用也相应降低。

英沣特水储能技术采用了自主开发的布水器和实时监控测评软件，保障了产品的性能与安全性。案例蓄放能效率、放能时长等指标满足项目的使用要求，运行稳定，在降低制冷系统运行成本的同时，提升了能效值和安全性。

甘肃中石油加油站节油减排型燃油添加剂应用

1 案例名称

甘肃中石油加油站节油减排型燃油添加剂应用

2 技术单位

北京长信万林科技有限公司

3 技术简介

3.1 应用领域

21世纪以来，世界各国对交通运输行业的燃油经济性及清洁性要求日益严格，燃油添加剂是提升燃油经济性及清洁性的重要技术手段，成为汽车工业和石化工业的研发重点。目前，添加剂产品已达数百种之多，按作用功能大致分为三类：改善油质剂、促进燃烧剂和消烟减污剂等。然而，如今的燃油添加剂已经不是由一种或多种成分简单地掺配混合而成，通常是由几种成分共同发挥作用而形成的一种混合物，仅具有单一功能的添加剂将逐渐为集多功效于一体的燃油清净增效剂所取代。

北京长信万林科技有限公司发明的集多功效于一体的节油减排型燃油添加

剂技术——MAZ 燃油清净增效剂，通过与燃油混合影响发动机燃烧过程，可直接产生降低油耗、减少污染物排放的效果。该产品可以广泛应用于以内燃机为动力的燃用液体燃料的各类机动车、船舶和发电设备，以及各类应用燃油的工程机械、工业炉窑等。

3.2　技术原理

MAZ 燃油清净增效剂的主剂为硝基化合物，该成分具有化学反应活性高、高热值和强氧化性等特征。分子结构由 R 和 NO_2 两个官能团组成，化学反应活性高，容易分解，在燃烧过程中产生大量自由基，引发连锁的分子链断反应，因而可以有效提高燃烧速度，并促进燃料充分燃烧。

MAZ 燃油清净增效剂节油和减少污染物排放的燃烧流程如图 1 所示。

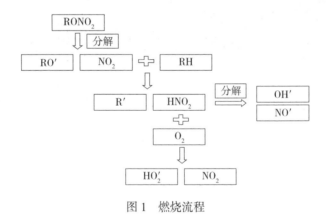

图 1　燃烧流程

在上述几步反应过程中，烃类反应生成烷基（R'）及烷氧基（RO'）有利于其后进行的连锁氧化（生成分解物、氧化生成物和自由基）燃烧反应，这是 MAZ 燃油清净增效剂在燃油中产生的助燃、促燃、清净效果的基本原因。

3.3　关键技术及创新点

MAZ 燃油清净增效剂集硝基化合物、聚醚胺等多种燃烧原料于一体，通过促燃、助燃、清净等多功效，在发动机源头实现节油减排的效果，是新型多功效燃油添加剂产品。

通过在天津大学内燃机燃烧学国家重点实验室对其节油减排机理进行研究证实，MAZ燃油清净增效剂对燃油着火和燃烧特性可产生积极作用。试验所选设备主要包括高压共轨燃油喷射系统、高压定容燃烧弹、高速摄像机、数据同步与采集系统等。高压定容燃烧弹系统如图2所示。

图 2　高压定容燃烧弹系统

为了直观地反映不同浓度的 MAZ 燃油清净增效剂对不同温度下柴油着火和燃烧的影响，试验采用可视化研究方法中较为常用的测试手段——自然发光法来评价 MAZ 燃油清净增效剂对柴油燃烧带来的影响。因为柴油机主要是以扩散燃烧方式进行，燃烧火焰主要是燃烧过程中产生的碳烟粒子受热辐射形成，因此火焰的亮度和分布面积可以从一定程度上反映出燃烧的剧烈程度和碳烟分布，进而定性评价 MAZ 燃油清净增效剂对燃油燃烧和碳烟生成带来的影响。

为方便比较不同工况下的燃烧特性，试验中每次喷油量均为 17.6mg，喷射压力保持在 80MPa。为避免拍摄亮度高的图像时出现过曝，同时兼顾低亮度图像的拍摄效果，试验中相机拍摄速度为 10000 帧 / 秒，光圈为 L8，快门速度为

1/183000s，在整个试验过程中相机的拍摄参数保持不变。定容弹内温度范围根据项目要求确定为 800 K、840 K、880K。试验条件如表 1 所示。

表1　试验条件

参数	数值
定容弹背压 /MPa	3
定容弹内环境温度 /K	800，840，880
喷油压力 /MPa	80
柴燃油标号	0#，国 V，柴油
喷油器类型	单孔，0.18 mm
喷油量 /mg	17.6
MAZ 燃油清净增效剂与基准柴油质量比	1 ： 1200（MAZ1200），1 ： 1000（MAZ1000），1 ： 800（MAZ800）
拍摄速度 / 帧·秒 $^{-1}$	10000
光圈	L8
快门速度 /s	1/183000
单帧像素数	768 × 768

通过对 MAZ 燃油清净增效剂的实验和测试研究，验证其节油减排机理主要包含以下几个方面。

（1）MAZ 燃油清净增效剂可推迟燃油着火，使发动机内形成的可燃混合气更多，燃烧更加充分，从而达到节能减排的效果。如图 3 所示。

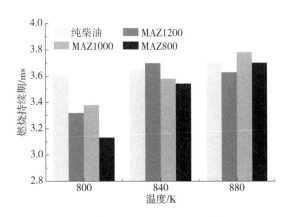

图 3　MAZ 燃油清净增效剂对燃烧持续期的影响

（2）MAZ 燃油清净增效剂可延长燃油火焰浮起长度，而且随浓度升高火焰浮起长度延长更明显，火焰浮起长度越长，油束卷吸空气量越多，有利于燃油与空气的充分混合，减少污染物排放。如图 4 所示。

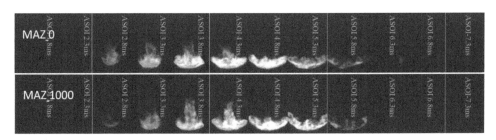

图 4　MAZ 燃油清净增效剂对火焰发展结构的影响

（3）MAZ 燃油清净增效剂不影响燃油燃烧的总放热量，但会推迟压力曲线和放热率曲线上升始点，增加放热率峰值，可增加发动机的动力输出性能。如图 5 所示。

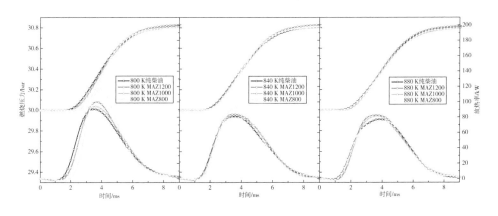

图 5　MAZ 燃油清净增效剂对燃烧特性的影响

3.4　技术先进性及指标

MAZ 燃油清净增效剂与燃油混合后在发动机上应用，可直接显现优于不加

MAZ 剂的新发动机的节油和减排效果，其通过提升燃烧效率，清除进气系统和燃烧室积炭，使发动机动力增强、污染物排放减少。

该添加剂在汽油发动机台架中可实现 3.14% 的节油率和 24.45% 的气体污染物（THC+CO+NOx）排放综合减排率；在柴油发动机台架中可实现 2.19% 的节油率和 41.89% 的污染物（PM+NOx+ 烟度）排放综合减排率，如表 2 所示。

柴油车中添加技术产品使用后，通过内窥镜观察发动机活塞表面，发动机活塞顶面，气门位置的积炭明显减少。如图 6 所示。

燃油添加 MAZ 增效剂后进行了发动机耐久可靠性检测，确认应用安全，不存在对发动机零部件的损坏。

表2　MAZ燃油添加剂的节能减排检验结果

项目	检验内容	检验结果（加剂后）	检验部门
汽油（含 MAZ 剂）	油品质量指标	各项指标符合 GB17930 标准	国家石油产品质量监督检验中心（北京）
	发动机台架节油率	3.14%	国家轿车质量监督检验中心（天津）
	发动机气体污染物排放综合减排率 THC+CO+NOx）	24.45%	
	发动机 300 小时耐久可靠性运行后进行发动机拆检	符合相关标准，主要摩擦磨损量正常	天津汽车检验中心
柴油（含 MAZ 剂）	油品质量指标	各项指标符合 GB19147 标准	甘肃省石油产品质量监督检验站
	发动机台架节油率	2.19%	国家轿车质量监督检验中心（天津）
	发动机气体污染物排放综合减排率（PM+NOx+ 烟度）	41.89%	
	发动机 400 小时耐久可靠性运行后进行发动机拆检	符合标准要求，主要摩擦磨损量有所降低	解放军原总后勤部油料研究所

加 MAZ 剂前活塞积炭

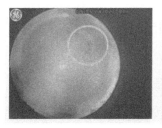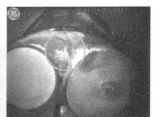

加 MAZ 剂后活塞积炭

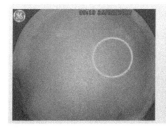

图 6　MAZ 燃油添加剂清除活塞积炭对比图

4　典型案例

4.1　案例概况

2005 年 3 月，MAZ 产品通过甘肃省经济委员会"新产品鉴定"和甘肃省科学技术厅"科技成果鉴定"后，在甘肃省政府和省经委的大力支持下，决定在甘肃省率先进行扩大应用。

为响应政府号召，北京长信万林科技有限公司与中国石油天然气股份有限公司甘肃销售公司协商决定，在储油罐中按照 1∶1000 比例，加入了 MAZ 燃油清净增效剂，通过加油站供给客户试用，并对加油后的车辆进行回访及使用情况登记，进一步调查汽油的试用情况，以确认其应用效果的全面性和真实性。

4.2　实施方案

北京长信万林科技有限公司与中国石油天然气股份有限公司甘肃销售公司协商后一致决定在兰州、酒泉等地加油站燃油中添加 MAZ 燃油清净增效剂，进行大规模应用，具体方法如下。

（1）通过燃油定量泵将添加剂按比例加到燃油中，通过添加剂与燃油良好的互溶性和分散性能充分混合后，由销售企业的油罐运输车辆按原有的配送程序送达各加油站。

（2）加油员在供应含有 MAZ 产品的燃油给用户时，对加油的车辆进行登记，并跟踪了解。

4.3　实施效果

在该案例中，加油站共使用 717 吨 MAZ 燃油清净增效剂，添加比例 1∶1000，按最低节油率 3% 计算，节省燃油 21510 吨，按燃油销售每吨 8200 元计算，节省 17638.2 万元人民币。按每吨燃油折算 1.46 吨标准煤，节省标准煤 31404.6 吨，二氧化碳减排量 82908.14 吨。MAZ 的节油减排效果可以带来巨大的经济和环保效益。如图 7 所示。

图 7　MAZ 产品在甘肃加油站的应用

2005 年 12 月，甘肃省节能监察中心对应用 MAZ 燃油清净增效剂的相关加油站进行抽查和调研显示，节能减排效果良好，没有出现发动机损坏现象，对国家、企业、消费者都有实际收益。部分司机反映每箱汽油可多跑 100 公里，使用添加了 MAZ 燃油清净增效剂的燃油每公里可节省 0.05 元，每天可节省油费 15 元以上，节油率在 3%～15% 之间。油站反映，销售含 MAZ 燃油清净增效剂的燃油后，用户来源增加，汽油销量提高，平均每天销量可增加 6% 以上，油站取得了良好信誉和经济效益。

2009 年，国家发改委组织工信部、标准委、能源局、中石油、中石化等部门和汽车、环保、石油化工等专家到甘肃实地调研，并且组织相关部门和专家召开了专题座谈会，肯定了 MAZ 燃油清净增效剂的应用效果。

4.4 案例评价

项目实施具有巨大的经济效益。首先，用户反馈汽车尾气排放污染物减少，汽车没有损坏现象，MAZ 燃油清净增效剂节油效果在 3%～15% 之间。其次，中国石油天然气股份有限公司甘肃销售公司日均销量增加 6% 以上，用户黏性增强，复购率增加。

如果在全国推广应用，按 2020 年全国燃油消耗约 31000 万吨，以及燃油中加入 0.1%MAZ 燃油清净增效剂计算，应用成本投入约 558 亿元，按节油 3% 及每吨燃油售价 8200 元计算，全国节油 930 万吨，可以节约燃油费 762.6 亿元，每年净收益为 204.6 亿元。如表 3 所示。

表3　添加剂成本与节油收益

2020 年全国汽油柴油消耗量	MAZ 剂量（按 0.1% 比例）	MAZ 应用成本（每吨 18 万元）	节油量（按平均最低 3% 节油率计）	节油价值（按汽柴油平均每吨销售 8200 元计算）	纯节油收益（扣除成本）
约 31000 万吨	31 万吨	558 亿元	930 万吨	762.6 亿元	204.6 亿元

注：来自国家发展改革委官网公布数据。

项目实施具有巨大的社会与环保效益。如果按每吨燃油燃烧产生 3.15 吨二氧化碳、污染物总量减排 24% 计算，即可减少二氧化碳排放 2930 万吨，同时能够直接减少机动车尾气污染物排放 382.32 万吨，有效助力实现碳达峰碳中和目标任务。如表 4 所示。

表4　我国机动车污染物排放量与应用MAZ后污染物减排量

项目	2020 年机动车污染物排放总量①	按甘肃汽油和柴油地方标准应用 MAZ 污染物排放下降的数据②	
碳氢化合物（HC）			
一氧化碳（CO）	1593 万吨	下降率 24% 以上	下降量：382.32 万吨
氮氧化合物（NOx）			
颗粒物（PM）			
合计	1593 万吨		382.32 万吨

注：①生态环境部 2020 年中国移动源环境管理年报。

②按照甘肃地方标准规定污染物下降率数据。

③燃烧每吨燃油碳排出 3.15 吨，节省燃油约 930 万吨，相当于碳减排量约 2930 万吨。

本案例达到预期的目标，其突出的节油减排效果，不仅为国家、企业、用户带来了经济效益，也具有社会与环保效益。

技术单位介绍

北京长信万林科技有限公司是 2004 年在北京注册的企业，长期致力于燃油添加剂的高端研究和深度开发应用，为交通运输等相关用油行业提供促燃、清净、节油和减排效果的新型燃油添加剂。

公司成功研制集多功能于一体的 MAZ 燃油清净增效剂，拥有自主知识产权，该产品与燃油混合应用，可提升燃油使用品质，降低企业用油成本，节约化石能源，减少有害污染物排放，具有巨大的社会效益和经济效益。

经检测证实，MAZ 燃油清净增效剂在发动机台架节油率可达 3% 以上，

HC、CO、NOx、PM 污染物总量减排率可达 24% 以上。在北京、甘肃等多地区 1500 多万辆车次及船舶燃油中混合应用证实，实际应用过程中平均节油率可达 6% 以上。

该技术分别被列入 2015 年《国家重点节能低碳技术推广目录》和国家《绿色技术推广目录（2020 年）》节能环保产业中首位技术，取得了甘肃省科技进步三等奖、甘肃省经济委员会新产品新技术证书、甘肃省科学技术厅科技成果鉴定证书、北京市节能产品证书、中国环境标志（Ⅱ）产品证书、中汽研 CATARC 认证证书、美国环保署（EPA）产品认证证书等证书，在国内外都具有极强的影响力。

在社会大量产出物质财富和不断创造无数工业奇迹的同时，大自然也发生了翻天覆地的变化，其中最为惊人、可怕的变化是资源急剧减少和大气严重污染。机动车大量耗油和污染物排放是罪魁祸首之一。"节能—减排"，已成为全人类的首要职责。

面对日益突出的资源与环保问题，公司提出"珍惜资源，呵护环境，实现天人合一、人与自然和谐共存"，将"节能—减排"，作为公司的首要职责，通过研发燃油清净增效剂技术，为燃油提质增效，以助燃、促燃、清净、润滑等多种功效，实现在发动机源头上的节能减排。

公司研发的 MAZ 燃油清净增效剂被列入 2015 年《国家重点节能低碳技术推广目录》和国家《绿色技术推广目录（2020 年）》节能环保产业中首位技术，取得了甘肃省科技进步三等奖等。为验证技术的先进性，公司于 2022 年进行了科学技术成果评价，证实 MAZ 燃油清净增效剂技术原理清晰、节能减排效果明显、推广应用前景广阔，总体达到了国际先进水平。

为使该类具有节油减排效果的添加剂技术更加规范，公司先后参与建立了含功效指标的燃油添加剂 CAS 标准、团体标准，以及首部含功效指标和理化指标相结合的汽油和柴油地方标准。目前，正在努力推进燃油清净增效剂国家标准出台。

近年来，公司一直致力于燃油清净增效剂的推广，不仅在汽车上进行了试用，也在柴油车、船舶、推雪车等设备上进行了试用，均取得了良好的节油减排效果。

公司将会继续在燃油添加剂领域深耕，不断推进燃油清净增效剂类技术的发展，对 MAZ 燃油清净增效剂进行推广应用，实现珍惜资源、保护环境的愿景，助力国家双碳目标的快速实施。

中国石油天然气股份有限公司甘肃销售公司始建于 1953 年，经过 60 多年的艰苦创业不断发展壮大，快速发展成西北地区最具影响力的企业之一。目前，拥有资产总额 38 亿元，运营油库 13 座，总库容 45.85 万立方米，运营加油站 672 座，加气母站 1 座，子站 16 座。

在甘肃省政府和省经委的大力支持下，甘肃销售公司经与北京长信万林科技有限公司技术交流，通过对 MAZ 燃油清净增效剂的助燃、促燃、清净等性能的了解，决定与北京长信万林科技有限公司合作，在甘肃销售公司销售的汽、柴油中添加 MAZ 燃油清净增效剂，并在甘肃、酒泉等地的加油站推广应用，对用户进行登记，跟踪了解加剂汽、柴油的试用情况。

该推广应用持续 3 年多，其中约 84% 的用户反馈使用后，油耗降低了，动力增强了，而且没有出现任何发动机损坏事件。公司日均销量增加 6% 以上，用户黏性增强，复购率增加。加油站共使用 717 吨添加剂，添加比例 1∶1000，按最低节油率 3% 计算，节省燃油 21510 吨，按每吨燃油折算 1.46 吨标准煤，节省标准煤 31404.6 吨，二氧化碳减排量 82908.14 吨。在燃油中应用 MAZ 燃油清净增效剂具有优异的节油减排效果，在加油站中应用推广的案例具有极强的先进性和示范性。

MAZ 燃油清净增效剂是经过长期研究开发和严格测试的专利技术产品，具有促燃、助燃、清净等多种功效。该产品符合节能环保要求和技术发展趋势，是添加剂未来发展的主流，是一种很好的节能减排产品。

该产品在车辆及船舶实际应用中的节油率达到 6% 以上。以燃油售价每升 6.56 元测算，节油收益约为 0.39 元，使用越久，效益越大，节能减排效果良好，具有巨大的经济效益和环境效益。

山西大商联商贸公司中央空调能源管理系统优化项目

1 案例名称

山西大商联商贸公司中央空调能源管理系统优化项目

2 技术单位

山西丰运海通科技有限公司

3 技术简介

3.1 应用领域

目前我国建筑能耗占总能耗的 30% 左右，而中央空调制冷制热的能耗占建筑能耗的 50% 以上。由于设备配置和使用原因，中央空调系统仍有很大的节能空间。

山西丰运海通科技有限公司研发的 FYU CMS2000 中央空调能源管理控制系统节能技术，主要应用于甲级医院、高星级酒店、高端写字楼、交通枢纽、商业综合体、恒温湿工厂、集中供暖、集中供冷住宅等中央空调节能项目。

3.2 技术原理

FYU CMS2000 中央空调能源管理控制系统是对整个中央空调系统多环节进行能量平衡调节的控制系统。控制系统通过对中央空调系统各种变量（温度、压力、流量）的监测，利用设置在现场的模糊能效控制柜、优化控制柜、能量平衡装置等，从中央空调系统的末端供冷需求出发，以负荷侧冷冻水与冷源侧冷冻水和空调末端、主机制冷剂与冷源侧冷冻水和冷却水，以及冷却水与冷却塔之间的能量平衡为目的，通过动态调节冷水主机、冷冻泵、冷却泵、冷却塔及能量平衡装置，确保中央空调系统在任何负荷条件下，都处于最佳的运行状态，使空调系统时刻保持高效节能。

FYU CMS2000 中央空调能源管理控制系统由云数据中心、FY-PC 能源管理中心和 FYU 空调冷热源模糊控制系统、FYU 区域冷热量均衡分配控制系统、FYU FCUS300 末端智能控制系统等控制子系统组成。其中模糊能效控制柜的模糊控制器为控制系统的核心，其根据专家和运行操作经验建立模糊规则库（并通过自学习不断完善模糊控制规则），运用模糊逻辑推论得到模糊控制信号，对基本控制系统的计算结果进行修正，从而改善时变、滞后性较大的空调系统的调节性能。模糊控制器总体对冷冻水泵智能控制柜、冷却水泵智能控制柜和冷却风机智能控制柜实施综合优化调控，空调末端风箱优化控制柜。系统工作技术原理如图 1 所示。

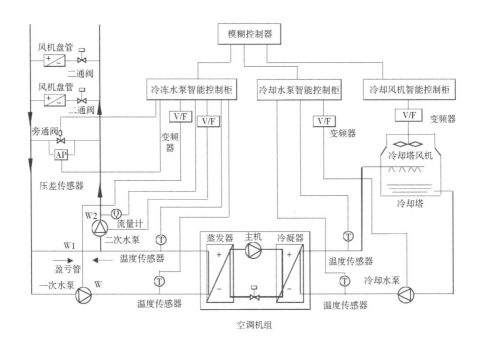

图 1　技术原理示意

3.3　关键技术及创新点

FYU CMS2000 中央空调能源管理控制系统由云数据中心、FY-PC 能源管理中心和 FYU 空调冷热源模糊控制系统、FYU 区域冷热量均衡分配控制系统、FYU FCUS300 末端智能控制系统等控制子系统组成。从冷（热）源到空调末端的智能管理和节能优化控制，真正实现空调全方位的科学管理和节能降耗。

该技术的创新点包括以下九个。

（1）冷热量模糊预判断控制技术。中央空调的负荷随着气候及外界温湿度变化波动明显，在冷冻（热）系统的控制中采用先进的冷热量负荷波动模糊预判断控制技术，有效解决了中央空调冷冻（热）水系统的时滞性和大惰性问题，使系统用能调控更准确，节能效果更好。

（2）多区域冷热量均衡分配控制技术。FYU CMS2000 系统以满足各区域的冷（热）量需求平衡为控制目标，通过检测各区域的实际冷（热）量需求动态调整相应的调节装置，使各区域的冷（热）量供需达到动态的平衡，避免局部供给过量或供给不足，极大地降低了无效耗能。

（3）泵组优选组合控制技术。在多台水泵并联运行中，FYU CMS2000 系统运用泵组优化组合控制技术，以实时监测计算的负荷所需的水流量为控制目标，通过数学模型，智能优化，推算出满足该流量及压力等条件时所需运行的水泵组合台数，使泵组消耗的总功率达到最低。

（4）动态双向变流量控制技术。在空调二次泵系统中，FYU CMS2000 系统通过动态调节一次循环、二次循环侧流量，达到冷/热量供需平衡，消除加减机产生的流量阶跃，避免平衡管产生正向或逆向流量，保证了系统的平稳运行，同时提高了节能效果。

（5）主机小温差补偿节能优化控制技术。空调系统在运行过程中，冷水机组可能会随着负荷的变化而偏离其最佳运行工况，此时主机的运行 COP 值会大幅度降低。FYU CMS2000 系统的主机小温差补偿节能优化控制技术可以确保主机在任何负荷条件下，都有一个优化的运行环境，始终处于最佳运行工况，从而保持效率（COP）较高的同时，实现主机和水系统的整体节能优化。

（6）冷却水最佳温度控制技术。以提高空调系统整体 COP 为目的，利用 FYU CMS2000 系统冷却水最佳回水温度模糊控制技术，自动寻优某一负荷、某一环境下最佳空调工况时所对应的冷却水回水温度，通过变流量控制降低冷却水系统能耗的同时，保障提高空调系统整体 COP。

（7）主机低负荷平衡调控技术。当空调处于低负荷运行时，主机供应冷量、冷冻泵扬程及流量三者难以达到有效匹配，造成主机运行效率偏低，同时也造成空调系统平衡调控效果偏差。FYU CMS2000 系统通过合理调配冷冻水泵及支管流量，在满足负荷需求的同时，有效降低主机及水泵的能耗。

（8）冷却塔变风量综合优化调控技术。以最佳的冷却水供水、回水温度差值为控制目标，通过调节冷却塔风机的风量和台数，在降低冷却塔自身能耗的同时，保障较高的空调主机的 COP，使空调系统整体节能。

（9）基于云计算的 COP 优化控制技术。以空调系统云数据中心参数的分析为基础，对空调主机负荷及 COP 值进行预设优化，使空调各系统参数控制更加合理、精确和及时，以大幅度提高空调系统的整体节能效果。

3.4　技术先进性及指标

利用物联网构建中央空调系统一体化管理模式，率先采用云计算节能的控制系统，提出了中央空调系统全新的平衡控制理念，代替了 BA 系统简单的 PID 变频控制的传统节能控制思路，从中央空调的整体能量平衡出发，寻求主机、水泵、冷却塔、相关阀门的整体协调控制，实现变负荷情况下中央空调系统的优化调整运行，达到最佳节能效果。

通过设置能源管理控制中心 FY-PC，使中央空调系统所有设备实现远程智能管理和节能优化控制。

通过设置模糊控制能效柜，实现对中央空调温度、压力、流量、室外温湿度及负荷冷热量等参数及所有空调设备的用电能耗的全面检测，并采用模糊控制策略对有关设备运行方式和参数进行实时优化控制。

运用 FYU CMS2000 控制系统后的主要节能技术指标如下。

（1）冷冻（热）泵、冷却泵综合节电率达到 35% ~ 45%。

（2）制冷机组综合节电率达到 8% ~ 15%。

（3）冷却塔综合节电率达到 20% ~ 35%。

通过物联网云平台，实现 PC 端、手机端的远程优化控制，使主机能效比从原来的 3.2 提升到 4.0。

随着控制技术智能化的升级，以及模糊控制器的自我学习、不断整体优化控制规则，中央空调系统的整体能效比会不断提高。

4 典型案例

4.1 案例概况

山西大商联商贸有限公司办公室位于关羽的故乡运城，运城市学苑路立交桥北学苑花都综合楼一、二层，于 2015 年成立。项目总面积 1.3 万平方米。

2020 年 6 月山西丰运海通科技有限公司以合同能源管理模式对山西大商联商贸有限公司中央空调系统进行节能技术改造，配置 FYU CMS2000 中央空调能源管理控制系统，实现中央空调运行参数的优化，达到中央空调系统高效率运行，最大限度地降低中央空调系统能耗。经第三方检测，采用能源管理控制系统改造后，空调制冷综合节电率达 33.51%。

4.2 实施方案

（1）完善中央空调系统设备的能耗计量。为中央空调系统制冷冷水机组、冷冻（热）水泵、冷却水泵、冷却塔风机等耗电设备设置能量检测系统，远程能源管理中心可以直接读取各设备每年、每月、每日的设备能耗情况。使用户实时掌控空调设备的实际耗电量、相关流量等参数，查询实时及历史设备数据，了解空调设备整体运行、节能情况。

（2）设置区域能量平衡装置。利用中央空调能源管理控制系统多区域冷热量均衡分配节能控制技术及中央空调冷热量模糊预判断节能控制技术，进行冷热量平衡分配控制，从而实现中央空调系统的节能运行。

（3）设置模糊能效柜。采集系统冷热源的温度、压力、流量、室外环境温湿度等参数，结合 FYU CMS2000 控制系统，实现对整个空调控制系统的智能管理和节能优化控制。

（4）设置 FY-PC 能源管理中心。在空调系统操作人员值班室装备一套 FY-PC 能源管理控制中心，与设置在现场的模糊控制柜进行远程通信，实现对整个空调系统的远程控制管理。

（5）对冷冻水泵进行变频自适应调节改造。在各负荷区域冷热量均衡分配控制的基础上，结合 FYU CMS2000 系统，配置变频器，实现对水泵的变流量控制，在降低水泵能耗的同时，保障制冷机组的效率。

（6）对冷却水泵进行变频自适应调节改造。结合 FYU CMS2000 系统，实现冷却水泵变流量控制的同时，提高空调系统的整体 COP，达到节能的效果。

（7）冷却塔节能控制。根据室外温度、冷却塔实时冷却量与制冷机组所需冷却量，对冷却塔开机数量进行梯级控制。

（8）无人值守模式。用户可以根据自身空调运行规律，设置空调开关机的时间段，实现无人值守的节能控制模式。

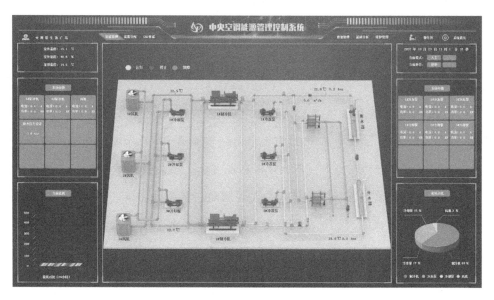

图 2　中央空调能源管理控制系统界面

4.3　实施效果

经山西省节能中心有限公司测试，项目改造前中央空调系统单位小时耗电量为 153.49kW·h，改造后中央空调系统单位小时耗电量为 102.06kW·h，项目节电率 33.51%，年节电量 8.16 万 kW·h。

4.4　案例评价

2020 年 6 月，经过 1 个月的不断优化调试运行，山西大商联商贸有限公司中央空调能源管理系统改造项目完成竣工验收。同年 8 月山西省节能中心有限公司对山西大商联商贸有限公司中央空调系统进行了节能率的检测，审核专家组一致认为，该项目节能效果明显，节电率可达 33.51%。

根据用户反馈，系统运行至 2023 年 1 月，FYU CMS2000 中央空调能源管理控制系统运行正常，系统参数一目了然，设备实时、历史数据随时可查，保存完整。系统操作简单，大大减少人力成本。在满足负荷需求的同时，节能效果显著，有效降低了企业中央空调的运行和维护成本。

山西丰运海通科技有限公司成立于 2011 年 3 月，坐落于美丽的河东大地——山西运城，注册资本 1000 万元，是一家专注于绿色节能的国家级高新技术企业。公司秉持的理念是：节能环保利在当代，功在千秋。

公司业务主要涉及医院、酒店、大型商超、机关办公楼、企业等单位的中央空调系统节能改造、能耗在线监测、照明系统及楼宇智能化控制。公司节能项目已在山西、河南、河北、内蒙古、海南等多地成功实施，综合节能率 26% 以上，用户满意度高，节能效果明显。

山西丰运海通科技有限公司是一家从事智能楼宇、建筑节能的技术企业，成立于 2011 年，十年来坚持"打造行业楼宇智控技术领域第一梯队"的目标，秉承着"科技领先，用户至上"的理念不断发展壮大，自主研究出 FYU

CMS2000 中央空调能源管理控制系统、FYU FCUS300 空调末端智能控制系统、FYU VWV300 空调智能管理控制系统、FYU CHUS300 供热站能源管理控制系统和 FYU SCS300C 智慧能源管理控制系统等。针对大中小型中央空调节能优化改造，在医院、商场、酒店、写字楼等均有应用。目前公司已经荣膺国家高新技术企业，通过 ISO9001 质量体系认证，拥有多项计算机软件著作权和发明专利，具备为市场独立提供节能管理控制系统和软件技术服务的能力，是国家节能协会会员单位，在国内同类型服务公司中技术领先。公司实施的节能项目 2022 年 7 月入选国家节能中心第三届重点节能技术应用典型案例。

为确保在目前的技术上不断创新，丰运科技与高校建立了一支持续稳定的技术研发团队。建立了以物联网、大数据、云计算为技术基础，为多场景生产、办公和生活提供智慧节能解决方案。丰运科技秉承绿色节能理念，构建行业规范、智能技术和服务公司时代价值链，以一流的技术铸就行业翘楚，为国家节能环保事业做出更大的贡献。

大商联商贸有限公司是综合性商超。公司积极响应国家节能减排政策，同时努力寻求通过降低电力成本，改善公司经营状况。公司的中央空调耗电量占商场全部能耗的 63.75%，通过与山西丰运海通科技有限公司合作，采用该公司的 FYU CMS2000 中央空调能源管理控制系统对商场进行了节能改造。该系统优势有以下几个方面。

（1）操作简单。以前开关机、巡检，每天需要数小时才能完成，现在通过手机几分钟就可以远程完成控制和巡检，大大降低劳动强度，提高了工作效率。

（2）数据可视化。中央空调控制界面模拟图美观大方，各项参数一目了然。同时提供了参数实时、历史查询功能，可以随时查询设备能耗、运行参数。

（3）节能效果明显。经第三方山西省节能中心对项目节能率的认定，确定夏季节电率 33.51%，冬季节电率 39.3%。

截至目前，FYU CMS2000 中央空调能源管理控制系统已安全运行两年半时间，技术成熟稳定，系统安全可靠，值得宣传和推广。其市场潜力巨大，适宜于医院、商场、酒店、写字楼等公共区的节能技术应用。

中央空调能耗占建筑能耗的 60%。本案例的中央空调系统节能项目，综合应用了计算机、集中控制、模糊控制、变频控制和物联网技术等，大幅优化了中央空调系统的运行模式，产生了显著的节能效益。经第三方鉴定，该项目节能率达到 33%，节能效益显著，市场潜力巨大。

附　件

附件一　重点节能技术应用典型案例（2021）展示专区

第三届重点节能技术应用典型案例展示专区

前言

　　为充分发挥节能降碳技术在推动高质量发展和生态文明建设中的示范引领作用，助力实现碳达峰碳中和目标，2021年4月，国家节能中心在前两届工作基础上启动了第三届重点节能技术应用典型案例评选工作。本着"公平、公正、公开""客观准确、质量第一、宁缺毋滥"等刚性准则，坚持"评选是前提，不收取任何费用、体现公益性；推广是目的，按市场化机制进行，保障推广服务可持续"等原则，经征集、信誉核实、初步评选、情况复核、现场答辩、现场核实、公示等十几个环节，第三届重点节能技术应用典型案例专家团队最终从申报的138个案例项目中明确了16个重点节能技术应用典型案例。国家节能中心于2022年10月14日面向全社会进行了通告。

　　为进一步宣传典型案例技术、促进节能降碳技术在应用中得到发展，本着自愿参与的原则，按照国家节能中心、各有关方面及16家典型案例技术企业签订的相关协议，在国家节能中心文化长廊中设置展示专区,对这16项典型案例技术进行宣传推广,供大家参观浏览和联系使用。

国家节能中心

2022年12月

案例 宁波大榭石化乙苯装置工艺热水升温型热泵余热回收项目
案例技术企业：北京华源泰盟节能设备有限公司

企业及技术简介

北京华源泰盟节能设备有限公司是国家级高新技术企业，国家专精特新"小巨人"企业。与清华大学、中科院紧密合作，始终专注于工业余热利用与城市集中供热领域，形成4大系列专利技术，并在此基础上成功研发并生产销售8大系列专利产品。

升温型吸收式热泵技术，采用串联的方式对低温余热进行梯级利用，产生更高品位的热量供用户使用。升温型吸收式热泵以水为制冷剂，溴化锂溶液为吸收剂，通过蒸发器和发生器吸收低品位余热，由吸收器产生高品位的热能。

技术优势

升温型吸收式热泵技术采用溴化锂吸收式热泵工作原理，回收生产装置中大量的低温余热并将其转换为高品位的热能，扩大低温余热的适用范围，设备节能率25%~50%。该技术入选2021年国家工业节能技术装备推荐目录。可广泛应用于电力、供暖、冶金、化工、纺织、采油、制药等行业。在大榭石化、金陵石化、燕山石化和洛阳石化的应用中，发挥了良好的示范性作用。

专家评语

华源泰盟实施的"大榭石化30万吨/年乙苯余热回收项目"，设备运行可靠，节能效果显著。该技术可充分回收低品位余热，应用领域广，通用性强，具有极高的推广价值。

企业联系方式

⚲ 北京市海淀区成府路28号优盛大厦C座10层　⊕ http:// www.powerbeijinghytm.com　👤 乔宇　📞 13708902176

案例 | 山西盂县上社煤矿低浓度瓦斯内燃机发电项目
案例技术企业：湖南省力宇燃气动力有限公司

企业及技术简介

湖南省力宇燃气动力有限公司创建于2009年，公司致力于高端燃气发动机的自主研发与生产制造，拥有覆盖900KW~2000KW功率段全系列产品，是国内功率覆盖最广、单机功率最大的内燃机品牌制造商，产品广泛应用于煤层气（瓦斯）、生物质气、天然气、沼气、工业煤气等燃气发电领域。力宇公司是国家认定的高新技术企业和专精特新"小巨人"企业。

湖南省力宇燃气动力有限公司自主研发的高效燃气内燃机发电机组，综合运用了低压损、高效均匀供气混合、数字高能点火、空燃比实时精确控制、余热梯级利用技术等多项关键技术，燃料气适应广，运行稳定、高效，节能效果突出。

技术优势

国内传统瓦斯内燃机发电机组的发电效率一般在33%左右，润滑油消耗为0.8~1.0g/kW·h，而力宇机组发电效率可达39.1%以上，润滑油消耗低于0.3g/kW·h，力宇机组大大提高了燃气利用效率，有效降低了机组运行维护成本。力宇机组的缸套水和高温尾气余热采用梯级利用技术，可优化用于制冷、发电和供暖，降低可能损失，进一步提高瓦斯利用的综合效益。山西盂县上社煤矿瓦斯发电项目以7%~30%低浓度瓦斯气体为燃料，对煤矿低浓度瓦斯发电利用具有良好的示范作用。

专家评语

山西盂县上社煤矿低浓度瓦斯内燃机发电项目采用的力宇瓦斯发电机组，具有单机功率大，燃料适应强，发电效率高、润滑油消耗低、氮氧化物排放低的特点，与传统技术产品相比优势明显。案例项目同时实现了节能、减排、降耗，具有良好的经济效益和社会效益。

企业联系方式

⌖湖南省长沙市高新区麓云路289号力宇科技产业园　⊕ www.liyupower.com　👤胡娟芳　📞18028755668

案例 广州地铁天河公园站智能环控系统与智慧运维云平台应用
案例技术企业： 上海美控智慧建筑有限公司、广东美的暖通设备有限公司、广东美控智慧建筑有限公司

企业及技术简介

美的楼宇科技，是美的集团旗下的五大业务板块之一，是楼宇建筑智慧生态集成解决方案服务商。业务方向覆盖暖通系统、楼宇智能化、电梯业务、能源管理等与智慧建筑相关的多个领域，聚焦城市楼宇智慧生态的构建，深入应用在地产、基础建设、公共事业、商业服务、工农生产等几大业务板块。美的楼宇科技通过自主研发创新，全球制造布局，为用户提供"软硬兼备"的集成解决方案。

美的高效变频直驱离心式冷水机组，突破解决了传统中小冷水机组能效低、噪声大、运行范围窄等问题。高效智能环控系统，实现冷水机组"台数+转速+导叶开度"负荷精准适配控制、全局能量寻优控制及基于在线动态寻优的风－水协调控制，可解决轨道交通车站冷量供给与需求不实时匹配、控制过程滞后波动的问题，使得环控系统机房能效大幅提高。该技术还可广泛用于商业综合体、医院、酒店等场所的新建及改造工程。

技术优势

较大型公共场所人流变动规律复杂，实时需求的空调供冷负荷波动大，由美的楼宇科技开发的高效智能环控系统与智慧运维云平台，可解决其冷量供给与需求不匹配、控制过程滞后波动的问题。公司自主研发智慧运维云平台，基于大数据分析建立云端环控系统多维态势诊断模型，实现了系统AI在线诊断与故障预测，保证全生命周期健康高效运行。在广州地铁21号线天河公园站的应用中，环控系统机房制冷季能效超过6.0（COP）。

 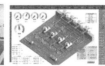 

专家评语

高效智能环控系统与智慧运维云平台在广州地铁车站得到成功应用，较好地解决了供冷量与需求不匹配产生的控制滞后问题，可有效提升制冷机房的系统能效，降低能耗与运维成本，对促进行业的技术进步具有示范作用。

企业联系方式

📍 广东省佛山市顺德区美的大道6号美的总部大楼B座26楼　　⊕ https://www.midea.com/cn/About-Us
👤 李凌慧　📞 18523086151

案例｜上海迪士尼旅游度假区二期项目LED路灯能效提升工程
案例技术企业：上海易永光电科技有限公司

企业及技术简介

上海易永光电科技有限公司成立于 2008 年，为上海市高新技术企业。公司系列照明产品广泛应用于道路、隧道、机场、码头等新建及节能改造项目。公司自主研发的"易耀"品牌系列产品，多次荣获国际、国内创新技术大奖，为功能性半导体照明产品能效提升、控制光污染做出突出贡献。公司竭诚为新老客户提供全方位智能管控平台及产品服务保障。

"易耀"品牌 LED 路灯首创了格栅全反射二次光学配光技术发射器，热管引导散热装置，充分利用 LED 新型光源发光特点，有针对性地解决了大功率户外照明产品以往一直存在的"LED 结温高极易引发光衰、整灯可利用光效低"等困扰行业发展的两大难题。节能水平较同类型产品大幅提高，使用寿命预估值可达50000小时以上。

技术优势

自主研发反射式非对称二次配光技术，通过提升光源利用率来提高照明效率，节约能源，延长产品使用寿命。案例所用技术产品是在已有产品技术基础上，创造性应用"导光模组"对出光面进行干预，从而取得精准维度控光，降低路灯通视见率，提高灯具光通量对需求界面路面的贡献率。达到相同输出功率下提高路面照度（强度），相同路面照度（强度）下降低输出功率的效果。其他各项指标完全达到CJJ45-2015设计技术规范要求，经专家评审和技术查新，技术成果达到国内领先水平。该技术应用路段经上海市能效中心实地检测，与原有高压钠灯替代相比较：相同照度节能61.7%，按照国标上限值节能80.9%。

专家评语

案例技术产品主要用于大功率照明。通过自主研发的"导光模组"优化灯具出光面，进行精准控光，从而提高定向投射光强，减少道路功率密度。其技术性能指标完全达到了国家标准，节能实效明显，现已在上海市等多条道路上推广。

企业联系方式

📍上海市徐汇区文定路81弄2号901室　⊕http://www.yiyongled.com　👤袁奇、周泽　📞18019304327、13917936986

案例 中盐红四方公司利用蒸汽冷凝液低温余热驱动复合工质制冷项目
案例技术企业：安徽普泛能源技术有限公司

企业及技术简介

安徽普泛能源技术有限公司合伙创始人、首席科学家谷俊杰院士（俄罗斯自然科学院外籍院士、原加拿大卡尔顿大学终身教授、德国凯撒斯劳滕大学工学博士）带领国际领先水平的研发团队，自主研发了"低温热驱动多元复合工质制冷（＜0℃）关键技术及装备"，能够高效回收利用工业废余热能、生物质热能、地热能、太阳能等低品位热能，满足工业、农业、商业、建筑和体育设施等领域的用冷需求。

案例项目采用了在全球首台套应用的"低温热驱动多元复合工质制冷（＜0℃）关键技术及装备"，回收利用132℃蒸汽冷凝液余热作为驱动力，制取生产所需的-20.2℃冷能，替代了原有电驱动螺杆压缩机制冷系统，电耗仅为原来的9.7%，节电率高达90%以上。

技术优势

传统的电驱动压缩制冷技术及设备，其能量转换路径长、环节多、能耗大、能效低、成本高。公司自主研发的具有国际领先水平的"低温热驱动多元复合工质制冷（＜0℃）关键技术及装备"，其能量转换路径短、转化能耗小、能效高、成本低。该技术可利用100～140℃低温热源驱动制取最低温度达-47℃的冷能，节电率高达90%左右，节能减排效益显著。

90%
节能率

公司自主研发		传统
转换路径短	（环节）	环节多
转化能耗小	（能耗）	能耗大
能效高	（能效）	能效低
成本低	（成本）	成本高

专家评语

案例采用安徽普泛能源技术有限公司研发的"低温热驱动多元复合工质制冷（＜0℃）关键技术及装备"，技术领先，运行可靠，通用性强，节能减排效益好。该项目投资回收期短，经济和社会效益明显，在石化化工行业具有很大的应用潜力。

企业联系方式

📍安徽省合肥市经济技术开发区清华路科技园6号楼　⊕ whttp://metaenergy.cn　👤王孟芳　📞15502104720

案例 昌乐盛世热电脱硫脱硝系统磁悬浮鼓风机应用
案例技术企业：山东天瑞重工有限公司

企业及技术简介

山东天瑞重工有限公司，成立于2008年，位于潍坊市高新区，是一家从事磁悬浮动力技术和高端凿岩装备研发的高新技术企业，是"全国磁悬浮动力技术基础与应用标准化工作组"秘书处单位，国家工信部制造业单项冠军、科技部瞪羚企业和国家知识产权示范企业。目前，已成为国内磁悬浮行业领军企业。公司自主研发的磁悬浮离心鼓风机是行业节能技术改造的换代产品。

磁悬浮离心鼓风机综合节能技术采用自主创新的磁悬浮轴承、高速永磁同步电机、三元流叶轮及壳体优化算法及变频控制技术，历经多年科研攻关，实现关键突破、达到国际领先水平。该技术产品可广泛应用于水泥、造纸、污水处理、化工和热电等行业。

技术优势

磁悬浮离心鼓风机综合节能技术具有无接触摩擦、高转速、低噪声、长寿命等特性，采用智慧节能控制系统，实现整机的远程运维、故障诊断和维修调试等智能化控制。与传统罗茨鼓风机相比，节能30%以上，噪声由120分贝降至80分贝左右，使用寿命长达20年。该产品技术经院士专家鉴定达到国际领先水平，被评为山东"十大科技成果"，荣获山东省技术发明一等奖等多项省部级科技奖励，列入国家《"能效之星"产品目录》、国家工业节能技术装备推荐目录、《绿色技术推广目录（2020年）》。

专家评语

昌乐盛世热电脱硫脱硝系统采用了天瑞重工4台110kW磁悬浮鼓风机替代原4台250kW罗茨鼓风机。改造前后对比，风机日均耗电由5143度降低到2502度，风机噪声由高达120分贝降至80分贝左右。项目节电率达51%，节能降噪效果显著。

企业联系方式

📍山东省潍坊市高新区樱前街5201号（磁悬浮产业园区） 🌐 https://www.tianrui99.com 👤姚艳萍 📞17616738512

案例 | 深圳海吉星农产品物流管理公司配电系统节电技改项目
案例技术企业：深圳市华控科技集团有限公司

企业及技术简介

深圳市华控科技集团有限公司成立于2017年，作为国内领先的节电保护+清洁能源技术公司，自主研发的华控节电保护装置以提高电能质量为手段，专注于为客户提供智慧柔性电网解决方案，帮助客户提升电能品质，延长生产设备使用寿命，降低设备故障率，降低用能费用。

华控节电保护装置基于电磁平衡原理、柔性电磁补偿调节技术，应用电磁平衡、电磁感应以及电磁补偿原理，根据客户电能质量情况定制设计生产，在实际应用中通过大数据智能分析优化控制策略，从而提高电能质量，降低电能损耗，综合节电率达到7% ～ 15%。

技术优势

华控节电保护装置核心为类变压器电磁结构，主回路没有任何电子元器件，没有机械运动，设计使用寿命可达30年以上。串联安装在低压变压器二次出口侧，综合提升所有负载的电能品质。独创一键无缝切换市电与节电状态技术，能够在不断电情况下反复切换、对比验证节电率，不影响正常生产，保证了用电连续性、安全性和可靠性。

华控节电保护装置设备组装流程图

专家评语

基于电磁平衡原理、柔性电磁补偿调节的节电保护技术解决了传统末端节能节电过程中，节电效果难以确定、节电功能单一、故障率高、自身电污染严重等难题，能够在不断电情况下随时切换对比验证节电率，不影响正常生产，具有较高的实用价值。

企业联系方式

📍 深圳市华控科技集团有限公司　🌐 http://www.szhkyd.com　👤 罗永恒　📞 13530335589

NECC

案例 | 胜利油田东辛采油厂营二管理区直流母线群控供电技术应用工程
案例技术企业：中石大蓝天（青岛）石油技术有限公司

企业及技术简介

中石大蓝天（青岛）石油技术有限公司成立于2011年，位于山东省青岛市，是一家致力于油气勘探开发、油气生产智能化、新能源建设等领域的高新技术企业，先后获得山东省瞪羚企业、山东省创新潜力100强企业、山东省专精特新企业等荣誉称号，"公司研发技术成功入选国家发展改革委、工信部等部门发布的《绿色技术推广目录》《国家工业节能技术装备推荐目录》等国家级节能技术推广目录"。公司现有中国工程院院士1名，教授6名，博士4名，硕士6名，强大的科研团队为产品研发提供了坚实的技术支撑和保障。

直流供电具有供电损耗小，电磁干扰小，易实现复杂调控等优点。直流母线群控供电技术是根据油井电控装置的现状和特点，使同一变压器和网侧整流器容量为多台抽油机变频电控终端所共享，从而降低变压器冗余容量，降低网侧电流谐波污染及提高功率因数。以无线通信进行集群井间协调和监控管理，充分发挥直流供电的优点和多抽油机的群体优势，实现节能降碳、减容降本的智能供配电技术。

技术优势

直流母线群控供电技术通过物联网无线通信实现集群井间协调和监控管理，使各抽油机倒发电馈能通过直流母线互馈共享、循环利用。各抽油机冲次可根据采油工况优化调节，既提高能效，又降低谐波污染，使油田抽油机电控长期存在的采油工艺和能效问题从根本上得到解决。该技术可大幅度降低油田抽油机集群的供电变压器容量、台数和成本造价，大幅度降低采油工艺的总耗电量。

专家评语

中石化东辛采油厂在实施直流母线群控供电技术改造后，变压器由原来的24台减少为3台，总容量由940千伏安减少到360千伏安，功率因数由0.46提升到0.99，日耗电减少25%，降低了配电变压器容量及其损耗，节能降耗效果非常明显。

企业联系方式

⊙山东省东营市东营区北一路东营产业技术研究院　　👤韦伟中、徐恩方　　📞18562107281、18562107285

案例 | 东莞华为云团泊洼数据中心T1栋预制模块化应用
案例技术企业：华为数字能源技术有限公司

企业及技术简介

华为数字能源技术有限公司是全球领先的数字能源产品与解决方案供应商。致力于融合数字技术和电力电子技术，发展清洁能源与能源数字化。在清洁发电方面，推动构建以新能源为主体的新型电力系统；在绿色ICT能源基础设施方面，助力打造绿色、低碳、智能的数据中心和通信网络；在绿色出行方面，重新定义电动汽车驾乘体验和安全，推动交通电动化进程。同时，公司携手合作伙伴打造综合智慧能源解决方案，共建低碳建筑、园区等，加速城市绿色低碳转型。

华为东莞云数据中心T1项目，采用华为FusionDC新一代预制模块化数据中心解决方案，将模块化数据中心技术与预制建筑技术相结合，采用模块化设计，融合多重新兴节能技术，打造面向未来的融合极简，低碳共生、自动驾驶和安全可靠的模块化数据中心。2021年，东莞云数据中心T1项目运行PUE1.28，与设计PUE相符，且作为2019年已投运的数据中心，达到2021年"国家一体化大数据中心"政策要求的PUE 1.30目标，打造了绿色数据中心的标杆。

技术优势

1. 融合极简：预制化极简交付，6个月上线1000柜，TTM提前50%以上；4.15米高箱设计，24米楼高可建5层，出柜率提升15%。
2. 低碳共生：建筑装配率>95%，整体材料回收率>85%，施工碳排放减少约90%；供配电采用华为智能电力模块，全链级致效，端到端效率可达95.5%；温控系统融合iCooling节能技术，实现系统级制冷能效调优。
3. 自动驾驶：BIM数字化设计、仿真，设计即所得；数字化交付，所建即所得；数字孪生+AI使能+云，实现数据中心的智能营维。
4. 安全可靠：数据中心结构整体采用华为磐石架构专利技术，满足当地建筑抗震要求、满足12级抗风、满足50年建筑寿命。

专家评语

东莞华为云团泊洼数据中心T1栋预制模块化应用案例充分利用数字化设计、仿真与建设技术，结合AI节能技术、智能微模块和电力模块等高效节能产品，在东莞地区实现1.28的超低PUE，该数据中心案例项目在南方地区具有很好的节能示范引导意义。

企业联系方式

📍 深圳市福田区香蜜湖街道香安社区安托山六路33号安托山总部大厦A座　　⊕ digitalpower.huawei.com
👤 王海龙　📞 13924614746

NECC

案例 | 湖南涟钢冶金材料科技公司气烧活性石灰焙烧竖窑改造工程
案例技术企业：唐山助纲炉料有限公司

企业及技术简介

唐山助纲炉料有限公司是河北省高新技术企业，设有B级研发中心。主营为TGS节能环保活性石灰窑、脉冲引射布袋除尘器、高氧化镁熔剂性球团等技术的研发、设计、制作、调试服务。公司拥有多项专利技术，其中TGS石灰窑占国内气烧窑市场35%以上份额，产品远销海外，在低热值煤气石灰窑大型化领域处于国际领先水平，被生态环保部列为A级企业应用工艺。

TGS活性石灰焙烧竖窑以高炉煤气等低热值煤气为燃料，采用了大型风冷中心复合式烧嘴，国井式侧向烧嘴，可调式均匀布料排料，智能化控制系统等先进技术，解决了竖窑大型化和中心风不足而边缘风过剩的关键难题，创新低温低空气过剩系数石灰焙烧和双余热回收技术新工艺，从源头解决节能减排的问题，不需配备脱硫脱硝设备，废气即可达到超低排放标准。

技术优势

TGS活性石灰焙烧竖窑大型化融合多项创新，产品质量优良，节能效果显著，技术国际领先。TGS石灰窑利用窑顶热废气将入窑前的煤气和助燃风分别预热，并合理配置炉型结构，减少热量损失；利用高炉煤气（热值3140kJ/NM³）煅烧石灰，同等生产条件下热耗较传统老式气烧竖窑降低约1570KJ/kg灰，折合节省高炉煤气约500NM³/t灰；同等规模下，较其他竖窑产量提高约10%，废气无需脱硫脱硝处理，实际排放浓度为$SO_2 < 30mg/NM^3$，$NO_x < 100mg/NM^3$。石灰行业超低排放标准：$SO_2 < 35mg/NM^3$，$NO_x < 150mg/NM^3$。

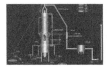  

专家评语

TGS活性石灰焙烧竖窑技术在湖南涟钢得到成功应用，工艺成熟可靠，自主创新强，技术和设备通用性好，可实现从源头节能减排，符合先进的节能环保理念。该技术可广泛应用于活性石灰焙烧领域，具有较大的市场推广潜力。

企业联系方式

河北省唐山市高新区火炬路101号　http://www.tszgll.com　李玉茹:13582901672　刘志浩:13932560440
0315-5068713　0315-5068712

案例 江南造船（集团）空压机余热回收利用替代蒸汽节能改造项目
案例技术企业：上海赛捷能源科技有限公司

企业及技术简介

上海赛捷能源科技有限公司主要从事节能减排、光机电一体化、信息科技领域内的技术开发和服务，尤其在余热回收和涂装除湿方面拥有多项自研技术和产品。公司先后为大连船舶、渤海造船、江南造船以及青岛北船等船舶企业进行节能项目咨询及实施，相继与国家技术转移东部中心、上海市节能环保协会等专业组织签订合作协议，并获得了国家创新基金、上海经信委、上海市科委等部门的课题支持。获得16件专利、3件软著、承接省部级以上课题3项。

本项目综合优化利用空压机余热、空气源热泵、小型蒸汽发生器、屋顶式空调机组等设备系统，对电厂所供蒸汽进行全面替代，降低了企业总体能耗。改造内容包括用蒸汽发生器、屋顶式空调机组对原生产工艺供汽设备进行替代；采用空压机余热与空气源热泵对生活区热水和办公楼采暖的用热进行替代；采用小型蒸汽发生器与电气设备保障生活区洗衣房和食堂用能。

技术优势

空压机余热回收利用效率高，可回收空压机轴功率的60%左右的热能；设备配置灵活，空压机的三级冷却器余热可分别独立回收，也可组合回收；通常离心机的循环冷却水出口水温不超过45℃，通过特殊设计在避免喘振的前提下，可将一、二级出水温度提高至65℃，排气温度控制在50℃以上，提高了回收热水品质。**本项目年节约标煤量9651吨，2019年到2020年度实际节约能源费用2354万元。**

专家评语

案例项目综合优化利用了余热和可再生能源，减少了化石能源的消耗。通过有效解决离心式空压机回收三级余热时易出现的喘振问题，大幅提升了空压机的余热回收量，为该类空压机的余热深度回收利用提供了良好的示范。

企业联系方式

📍上海市浦东新区锦绣东路2777弄10号810室　🌐 www.saijiekj.com　👤张懿　📞021-68870090

案例 ｜ 北京市海淀外国语实验学校京北校区单井循环地源热泵系统工程
案例技术企业：恒有源科技发展集团有限公司

企业及技术简介

恒有源科技发展集团有限公司成立于2000年，是在北京中关村注册的高新技术企业。公司以开发利用清洁可再生能源替代传统化石能源供暖为目标。自主发明的单井循环换热地能采集技术，可利用浅层地热能为建筑物供暖，**已推广供暖面积达2100万㎡**。公司已发展成集投、建、运为一体的清洁智慧供暖的系统服务商。公司于2009年在香港上市，**已获得国内外专利60余项**，荣获全国工商联科技进步一等奖、长城杯金奖、鲁班奖等多项奖项。

单井循环换热地能采集技术是一项我国原创的适用于多种地质条件的浅层地热能采集技术。它以循环水为介质，采集浅层地下温度低于25℃的热能，能够实现地下水就地同层全部回灌。根据适用的不同地质条件，分为适用于强透水地质的无换热颗粒采集井和弱透水地质的有换热颗粒采集井。采集井由加压回水区、密封区、抽水区组成，系统以水为介质，从抽水区采集到热量后进入换热器，换热后的介质通过加压回水区循环到抽水区，封闭循环换热，达到取热不耗水的目的。

技术优势

该技术实现了"取热不耗水"，能够安全、高效、省地、经济地采集浅层地热能，为大规模安全开发利用浅层地热能供暖提供了技术支撑，适用于新建、改扩建的各种公建、民建等建筑的供暖供冷，促进建筑节能低碳运行，实现更高的经济效益和环境效益。

专家评语

单井循环换热地能采集系统运行过程中没有水资源消耗，对区域地下水状态和地质结构无影响，具有很强的适应性。该技术具有原创性，达到国际领先水平，已在美国等国家成功推广应用。

企业联系方式

北京市海淀区杏石口路102号　www.hyy.com.cn　李艳超　010-62598544,15801687870

案例 | 淄博市直机关第一综合办公楼热源塔热泵改造及能源托管项目
案例技术企业：上海麟祥环保股份有限公司

企业及技术简介

上海麟祥环保股份有限公司是一家致力于公共机构碳中和服务的高新技术企业和专精特新企业，依托自有知识产权的智能建筑管理系统和能源管理平台，通过合同能源托管的方式为公共机构提供数字化综合能源解决方案，提供设计咨询、投资建设、运营管理的全过程服务，项目综合节能率达到15%以上。公司目前拥有发明和软著专利40余项，参与国家和地方规范、标准10余部，并在全国10余城市设置有分支机构。

智能建筑管理系统和能源管理平台不仅实现了系统集成、优化控制、能源管理、设备运营管理和建筑信息模型五大功能的融合，也实现了楼宇全过程数据信息的统一平台整合。通过采集系统实时运行参数，动态建立系统模型，对建筑各系统之间的关系解耦，对系统用能实时优化模拟计算，实现系统的实时最优运行管控和全生命周期内的运行维护管理。

技术优势

1. 三维可视化智能建筑管理平台实现了系统集成、智能化控制、能源管理、设备运营管理和建筑信息模型五大功能的融合，为建筑全生命周期内的管理提供决策依据和统一管理平台；
2. 智慧冷源控制系统使用专业的AI模型算法库，专为提高用户舒适度和行业领先的能源效益而设计，使冷源系统的年平均运行效率理论值达到0.5KW/RT以上；
3. 开放的平台接口，能够通过通用的通信协议实现与第三方软件兼容。

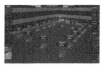  

专家评语

上海麟祥环保股份有限公司优化设计了设备节能和智能化建筑管理系统相结合的整体解决方案，在淄博市直机关第一综合办公楼采用合同能源托管的方式提供综合能源托管服务，项目节能率达到28.9%。案例节能服务示范效用明显，可在公共机构范围大力推广。

企业联系方式

上海市徐汇区龙川北路621号2号楼　　公众号：麟祥环保碳中和综合服务　　何洋　　13331920966

NECC

案例 | 中云信顺义云数据中心空调系统水储能项目
案例技术企业：北京英沣特能源技术有限公司

企业及技术简介

北京英沣特能源技术有限公司创建于2007年，是国家级高新技术企业，中关村瞪羚企业，北京市专精特新"小巨人"企业。公司自水蓄能技术开发利用起步，以综合节能高效行为发展核心目标，始终坚持以技术为先导、以质量为生命的发展思路，为客户优化系统节能方案。近年来与清华大学、中国建筑科学研究院等科研所合作，共同承担了多项国家级、市级重点项目及课题研究。公司资质齐全，拥有50多项专利，参编近20项行业和国家标准，截至目前已拥有700余个业内标识案例，国内六大区均已配套销售和服务中心。

英沣特水蓄能技术利用水的物理特性，采用自然分层原理蓄能。公司深耕研制并设计出多种高效的组合式布水器，核心参数弗兰德（Frande）数＜1、雷诺（Renolds）数＜2000，可形成良好稳定的斜温层，并开发出实时监控测评软件对项目进行数据分析及监控。全链条智能控制技术将末端机房区域的温湿度纳入到空调控制系统中，提出数据中心"5R"气流控制解决方案，控制机房气流的微平衡。针对数据中心冷源运营的安全性，提出了数据中心冷源控制的标准化实施方案。针对数据中心冷源运营的节能性，提出了冷源智能控制的阶梯寻优方案。

技术优势

英沣特能设备通过布水器设计、数据模拟、运行数据验证、实时监控测评软件等四个方面确保产品的性能与安全。设备进行抗震、静水压、负压、底板焊接等仿真模拟，验证了设计的安全性及合理性。自主开发的"水蓄能监控测评软件"（行业首例）能够优化运行方式，实施状态检修，保障设备性能和节能效果。全链条智能控制技术通过"5R"的气流控制手段、优化"5S"的标准化逻辑解决方案来解决末端气流和冷源BA控制的难点，实现了空调冷源系统AI和BA的自动控制和切换，提出了"5L"层级的阶梯寻优方案，做到了真正的高效节能。

  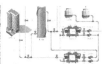

专家评语

英沣特水蓄能技术采用了自主开发的布水器和实时监控测评软件，保障了产品的性能与安全性。案例蓄放能效率、放能时长等指标满足项目的使用要求，运行稳定，在降低制冷系统运行成本的同时，提升了能效值和安全性。全链条智能控制技术将数据中心末端、冷源和AI算法进行了有机的统一，通过归纳总结末端"5R"的气流控制理论、冷源"5S"的标准化控制逻辑及AI"5L"的阶梯寻优控制，有效提高了数据中心空调系统的安全性和节能性，具有很强的技术前瞻性和延展性。

企业联系方式

北京市海淀区中关村南大街乙12号院1号天作国际A座28层北京英沣特能源技术有限公司　　www.infanten.com
张新昌　13802539546

NECC

案例 甘肃中石油加油站节油减排型燃油添加剂应用
案例技术企业：北京长信万林科技有限公司

企业及技术简介

北京长信万林科技有限公司是2004年在北京注册的港资企业，长期致力于高端燃油添加剂的深度研究和开发应用，为交通运输等相关用油行业提供节油减排的新型燃油添加剂。公司首创了集多功效于一体的节油减排型燃油添加剂技术——MAZ燃油清净增效剂，产品目前在北京、上海、南京、广州、深圳、甘肃等地区应用，得到客户的一致好评。

MAZ燃油清净增效剂由硝基化合物、聚醚胺等多种原料组配，以对其节油减排机理进行研究分析为基础，进行严格的实验室台架检测和实际应用，验证其与燃油混合应用对燃油发动机具有促燃、助燃、清净等功效。该技术取得了自主知识产权发明专利，获得了甘肃省科技进步三等奖，是国家《绿色技术推广目录（2020年）》节能环保产业的第1项技术。

技术优势

MAZ燃油清净增效剂首次实现促燃、助燃、清净等多功效一体化。通过改善燃料喷雾、燃烧速度及热利用率，产生降低油耗、减少污染物排放的效果。该产品在发动机台架检测和在北京、甘肃等多地区1500多万辆车次及船舶燃油中混合应用证实，在发动机台架上检测的节油率可达到3%，HC、CO、NOx、PM污染物总量减排率达到24%，在车辆及船舶实际应用中的节油率可达到6%，可以广泛应用于车辆、船舶、工程机械等燃油设备。以燃油售价每升8元测算，扣除添加剂的成本后，用户收益不少于每升0.28元。

专家评语

MAZ燃油清净增效剂是经过长期研究开发和严格测试的专利技术产品，具有促燃、助燃、清净等多种功效。该产品在案例实际应用中的节油率高，可在车辆及船舶领域大范围推广，产生突出的经济效益和社会效益。

企业联系方式

📍 北京市海淀区西直门北大街32号枫蓝国际中心A座写字楼1501　⊕ www.ccmaz.com
👤 许芳丽　📞 010-62271767/18612078274

案例 | 山西大商联商贸公司中央空调能源管理系统优化项目
案例技术企业：山西丰运海通科技有限公司

企业及技术简介

山西丰运海通科技有限公司成立于2011年，是一家专注于节能效果的高科技公司。中央空调能耗占建筑能耗的60%，公司致力于中央空调的优化节能，通过加大研发投入，与高校合作建立软件研发团队，取得多项创新技术成果。公司自主研发的FYUCMS2000中央空调能源管理控制系统，和最新研发的VWV多联机空调控制系统，经医院、学校、商场等项目应用验证，综合节能率达到了25%以上，用户满意度高。

公司自主研发的FYUCMS2000中央空调能源管理控制系统，可针对空调全系统，包括制冷主机、冷冻泵、冷却泵、凉水塔、分集水器、末端空调风箱、风机盘管制冷（供暖）系统等全链路实现优化控制。

技术优势

FYUCMS2000中央空调能源管理控制系统包括冷热量模糊预判断控制、泵组优化组合控制、冷却水最佳温度控制、冷却塔变风量梯级控制、各区域冷热量均衡分配控制、动态双向变流量控制、主机低负荷流量补偿控制等核心优化策略。在实际应用中，主机能效比从原来的3.2优化调控改进到4.0。随着AI技术的深入应用和控制系统升级，中央空调系统的节能潜力还可进一步挖掘。

专家评语

本案例的中央空调系统节能项目，综合应用了计算机、集中控制、模糊控制和物联网技术等，充分优化了中央空调系统的运行模式，产生显著的节能效益。经第三方鉴定，该项目节能率达到33%，具有很好的示范和推广价值。

企业联系方式

📍 运城市盐湖区滨湖路池神庙西1000米 🌐 www.sxfyht.com 👤 王伟峰 📞 18603599580

附件二

关于发布实施《国家节能中心重点节能技术应用典型案例评选和推广工作办法（2021）》的通告

（节能〔2021〕6号）

各申报单位、各申报组织单位，社会各有关方面：

自2017年起，国家节能中心组织开展了两届重点节能技术应用典型案例评选和推广工作，取得了良好的成效，得到了业界和各有关方面的认可。根据党中央、国务院对"十四五"时期节能降碳、绿色发展等新要求，在往届探索实践的基础上，结合向社会各有关方面公开征求的意见，我们修订完善了《国家节能中心重点节能技术应用典型案例评选和推广工作办法（2019）》，形成了《国家节能中心重点节能技术应用典型案例评选和推广工作办法（2021）》。

现将《国家节能中心重点节能技术应用典型案例评选和推广工作办法（2021）》正式发布实施，敬请各申报单位、案例技术应用单位、申报组织单位和社会各有关方面，积极参与我们即将组织开展的第三届重点节能技术应用典型案例评选和推广工作并进行监督。

评选和推广工作咨询服务联系方式：

联 系 人：于泽昊　国家节能中心（推广处）

　　　　　张　宽　国家节能中心（推广处）

电　　话：010-68585777-6039，150 1059 8988

　　　　　010-68585777-6040，153 2180 7630

通信地址：北京市西城区三里河北街12号国家节能中心推广处

邮　　编：100045

邮　　箱：dxal@chinanecc.cn

特此通告。

附件：国家节能中心重点节能技术应用典型案例评选和推广工作办法（2021）

国家节能中心重点节能技术应用典型案例评选和推广工作办法（2021）

根据党中央、国务院决策部署，按照国家法律法规和政策，国家节能中心组织开展 2021 年第三届重点节能技术应用典型案例评选和推广工作。为确保本次评选和推广工作公平公正、务实有效、实现初衷，现就重要事项规定如下。

一、评选和推广工作刚性准则

（一）坚持以习近平新时代中国特色社会主义思想为指导，深入贯彻习近平生态文明思想。

（二）坚定不移贯彻落实党中央和国务院决策部署。

（三）完整、准确、全面贯彻新发展理念。

（四）遵守党的法规纪律、国家法律法规。

（五）公平、公正、公开。

（六）客观准确、质量第一、宁缺毋滥。

（七）共商、共建、共享。

（八）精准、务实、有效。

二、评选和推广工作通用规则

（一）评选工作主要针对节能技术选择难、示范引领作用不够等突出问题，推广工作主要针对节能技术供需信息不对称、对接不精准、成效不高等突出问题，坚决按照新发展理念要求整合资源、搭建市场化的推广服务平台，久久为功、善作善成，打造可持续发挥功能作用的工作品牌。

（二）前期申报和后续推广均本着自愿承诺原则，两年为一个周期。评选是前提，着力遴选出能够起到示范引领作用的节能技术，不收取任何费用、体现公益性；推广是目的，着力发挥先进适用节能技术的示范引领作用，按市场化机制进行，保障推广服务可持续。无推广意愿、不愿发挥示范引领作用的不纳入评选推广范围。

（三）围绕国家发展需要突出工作重点，切实把在落实新发展理念、促进经济社会发展全面绿色转型和高质量发展中作用突出的，在完成能耗双控任务、实现碳达峰碳中和等目标中作用突出的，在污染防治攻坚战、蓝天保卫战、脱贫攻坚战和乡村振兴、京津冀协同发展、长三角一体化、长江经济带发展和粤港澳大湾区建设等国家重大战略、重大任务、重大工程和经济社会发展目标完成中作用突出的节能技术，择优评选出来、尽快推广见效。

（四）促进产业转型升级、新旧动能转换、能源消费革命以及产业园区、大型公共建筑、大企业大医院及高等院校等整体能效、系统节能效果提升。

（五）促进产业技术进步、推动企业规模加快增长，壮大节能环保产业。

（六）符合国家相关产业政策和国家及国家认可的有关标准。

（七）申报技术企业单位正常经营，有较强的推广意愿、自愿承诺按市场化机制参与后续推广工作。

（八）案例技术具有先进性、引领性和示范性，环境、经济和社会效益良好。

（九）案例技术通用性、可复制性较好，应用稳定可靠，具有良好的推广价值。

（十）市场和用户对案例技术认可度、满意度、口碑良好。

（十一）列入国家和省级有关部门发布的节能技术推广目录中的技术，以及拥有自主知识产权，节能降碳、增效降本效果突出，推广价值大的案例技术优先考虑。

（十二）申报资料真实有效，案例申报单位无重大失信记录和知识产权权属争议，社会信誉良好。

（十三）申报的案例项目已稳定运行1年以上，无安全、环保等方面问题。

（十四）有具备资质的第三方机构出具的节能效果检测报告或评价（评估）报告，或者案例项目技术应用单位出具的相关证明材料。

（十五）已入选过国家节能中心重点节能技术应用典型案例的项目不能重复

申报。

三、评选工作主要环节

（一）征集情况周知

对截止日期前收到的申报材料，无异议的在国家节能中心公共服务网和国家节能宣传平台（即微信公众平台）上集中进行通告，向各申报单位、申报组织单位等社会各有关方面通报周知征集情况。

（二）初筛分类

根据本办法和典型案例征集通知明确的原则、范围和要求等，由组织方对申报材料进行符合性审查；对符合要求的案例项目分领域进行备案登记，确定进入下一个环节。

（三）信誉核实

由组织方对已备案登记的申报案例真实性及申报单位、单位法定代表人有无重大失信记录、有无科技成果和专利权属争议等进行核实。核实结果供参加初步评选的专家使用；存在上述问题的一律取消入选资格，没有上述问题的进入下一个评选环节，并在国家节能中心公共服务网和国家节能宣传平台上进行通告。

（四）专家遴选和组织

1.参加评选工作的专家应具有优良的职业道德和业务水准，能够认真负责完成案例评选和推广各项工作，具有相关专业高级职称，熟悉行业和节能有关情况、政策标准，在业内具有良好的信誉口碑、较高的知名度和权威性。

2.根据申报的案例项目所属领域、数量情况进行分类，按照实际需要原则从国家节能专家库选择专家，同时面向科研院所、企业及地方节能中心等社会各有关方面公开征集并从中遴选出专家作为补充。

3.对所有参加评选工作的专家，进行工作准则、通则和程序等方面要求的宣讲培训，明确相关纪律要求等事项。

4.参加评选工作的所有专家均应签署《专家诚信评选和后续推广服务承诺书》。

5. 对参加评选工作的专家姓名、单位和职称以及分组情况在初步评选前进行公示；申报单位、申报组织单位和社会各有关方面对专家提出回避要求，提交的证明材料属实的，做出评选回避安排。

（五）初步评选

1. 分类组建若干初评专家组，每个初评专家组不少于5人，初评专家组组长由专家组成员推选产生。各初评专家组分别对本组承担的申报案例进行评选；每位专家按要求应对本组评选的每一个案例独立打出初评总分值，提出推荐建议；对需要进一步了解情况或补充材料的，要做出明确的说明。

2. 每个初评专家组对本组评选的每个案例，汇总打出初评总分值的平均分，按照平均分值由高到低提出拟推荐进入现场答辩环节案例。对拟推荐进入现场答辩环节案例中需要进一步了解情况或补充材料的，要提出要求、做出说明；每个初评专家组提出的拟进入现场答辩环节案例的数量不高于本组评选案例总数的三分之一。

（六）情况复核

1. 组织方根据初评专家组初评意见，需要对具体问题了解情况的，可采取电话、信函、邮件等方式向有关方面了解；需要申报单位进一步补充说明情况的，请申报单位补充。

2. 每个初评专家组根据组织方提供的问题了解的情况以及补充说明材料等，进行研究讨论，明确进入现场答辩环节案例；进入现场答辩环节案例的数量不高于本组评选案例总数的五分之一，并在国家节能中心公共服务网和国家节能宣传平台上进行通告。

（七）组织现场答辩

1. 根据进入现场答辩环节案例的实际情况，由参加初评的专家组成统一的现场答辩专家组，成员不少于19人，专业分布合理，组长由现场答辩专家组成员推选、组织方同意后产生，并邀请相关领域的院士作为专家顾问，现场指导答辩工作。

2. 组织现场答辩专家组对进入现场答辩环节的案例申报单位进行现场答辩，进一步确定案例应用技术的先进性、引领性和示范性，并按照质量第一的原则和答辩后的案例实际情况，由组织方明确限定每位专家最高推荐票数，由每位专家给出推荐意见。

3. 根据现场答辩情况和推荐票数多少，由现场答辩专家组研究提出进入现场核实环节案例；进入现场核实环节的案例，总的数量不高于申报案例总数的六分之一，并在国家节能中心公共服务网和国家节能宣传平台上进行通告。

4. 现场答辩过程全程录像以备查核。

（八）现场核实

1. 组织方根据实际情况，组织若干现场核实专家组，对进入现场核实环节案例逐一进行现场核实；每个现场核实专家组由相关领域专家组成，人数不少于 3 人，并推选明确一名专家为组长。

2. 现场核实前，对参加现场核实的所有专家和工作人员进行统一培训，并根据现场核实工作规程明确核实的内容、程序和标准等事项，必要时可配备有关测试计量仪器，或邀请专业检测机构现场测试。每个案例项目经现场核实后，由专家组出具一份现场核实报告表并由每位专家签字确认。

3. 根据现场核实结果，由组织方再次组织参加现场答辩和现场核实的专家组成终审专家组，人数不少于 7 人，终审专家组组长由现场答辩专家组组长担任，组织对经现场核实的案例进行统一研究，明确拟最终入选典型案例名单。

（九）公示及结果处理

对拟最终入选典型案例在国家节能中心公共服务网和国家节能宣传平台等媒体上进行公示，公示期为 5 个工作日。对公示后有异议的案例，经组织方核实情况报终审专家组研究确定是否进入下一环节。

（十）最终确定

根据拟最终入选典型案例申报单位提交的有推广意愿以及愿意发挥示范引领作用的承诺书，依据明确的通用规则与国家节能中心协商明确共同开展后续推广服务工作内容后，方可确定为最终入选典型案例，并由终审专家组与申报单位协商对案例全称进行统一规范。

（十一）结果公布

对最终入选的典型案例，国家节能中心以通告形式在国家节能中心公共服务网和国家节能宣传平台等媒体上正式发布，名单以现场答辩后得票多少进行排序；必要时请公证机关对评选结果进行公证。

四、典型案例宣传推广服务工作

对最终入选的典型案例，国家节能中心将与入选案例技术申报单位、案例技术应用单位以及地方节能中心、专家学者、各类媒体等，本着共商共建共享的原则，共同建设典型案例技术示范推广服务合作机制，依据商定的后续推广服务工作内容要求，持续做好宣传推广服务工作，发挥好示范引领作用，主要方式有：

（一）首场发布推介。组织召开最终入选典型案例首场发布推介服务活动，面向各类新闻媒体、重点用能企业、公共机构等技术产品使用方特别是潜在用户，面向政府部门、科研单位、地方节能中心、相关行业协会等社会各有关方面发布并逐项推介。

（二）颁发证书。国家节能中心向最终入选典型案例的申报单位颁发具有独立编号、永续可查的资格证书，作为最终入选典型案例的技术申报单位后续宣传推广服务工作重要依据；向最终入选典型案例的技术应用单位颁发证牌。

（三）出版发行书籍。国家节能中心将最终入选的典型案例组织编辑出版重点节能技术应用典型案例（2021）书籍，面向社会持续公开发行，条件允许时出版电子版。

（四）持续宣传报道。在年度全国节能宣传周和国家、地方等相关重大活动中优先进行推介报道；在国家节能中心公共服务网和国家节能宣传平台上，设立专栏进行持续宣传推广；与国内核心和专业报刊合作，开辟节能专栏等形式，持续介绍入选案例技术、企业成就和社会贡献；可以使用国家节能中心组织创作的《家园的模样——节能推广之歌》开展宣传等。

（五）优先利用国家节能专家库资源。入选案例技术单位可以推荐本单位符合条件的专家进入国家节能专家库，并可优先使用国家节能专家库资源，发挥专家库专家在推动企业节能技术研发和推广应用中的作用。

（六）短长结合展览展示。在国家节能中心会议区设立展示专区，设计制作展板介绍入选案例技术，展板悬挂1年左右，中间可以根据需要进行更新；在各类节能环保展会、基地平台等中，与组织方协商设立专区或进行专项展览展示等活动。

（七）供需精准对接。在国家节能中心组织或联合其他单位组织的节能技术供需对接服务活动、专业会议、专项培训等活动中，根据参会需求项目情况优先邀请入选案例技术单位参加并进行技术讲解宣传、应用对接、展示洽谈等活动。

（八）提供后续跟踪协调、法律和融资等服务。对入选案例技术单位与需求方有协调推进合同签订、项目落地等后续服务以及有法律服务、融资需求的，依据相关协议提供专业化的第三方服务。

（九）授权使用典型案例注册商标。依据《国家节能中心重点节能技术应用典型案例注册商标使用管理暂行办法》，对入选案例技术单位提供相关贴标等服务，增强企业信誉、扩大市场认可度。

（十）向重点用能领域单位推广应用。与政府工业、建筑、交通、公共机构等节能主管部门以及能源主管部门等合作，选择重点用能领域及企事业单位持续开展入选案例技术推介、成效跟踪等活动，推动先进节能技术在重点用能领域和单位先行使用、广泛应用。

（十一）组织参加节能增效、绿色降碳服务等活动。结合重点用能行业和企业、高等院校、大型公共建筑以及产业园区、城镇等节能改造需求，组织开展节能诊评、提出节能改造方案等服务，推荐使用入选案例技术，推动入选的案例技术单位在需求中拓展市场。

（十二）争取国家政策和资金支持。向国家和地方有关部门积极推荐入选案例技术，争取在节能标准、技术目录、认证认可、能效标识、政府采购、招投标、知识产权、价格税收等方面的政策支持；向国家和地方有关部门以及银行、基金、投资机构等推荐入选案例技术，扩大企业融资渠道，为深化企业技术研发、应用争取资金、信贷等支持。

（十三）积极向国家重大建设推荐。在京津冀协同发展、长三角一体化、长江经济带发展、粤港澳大湾区建设和海南全面深化改革开放，在污染防治攻坚战、乡村振兴、完成国家约束性指标，以及北京城市副中心、河北雄安新区建设等国家重大战略、重大任务、重大工程中，适时组织入选案例技术宣传推介活动，促进先进节能技术在其中发挥更大的作用。

（十四）推动节能技术走出去开展国际合作。适时组织向相关国家、国际组织和企业推介入选案例技术，推动节能环保产业国际合作，提高先进技术应用影响力和知名度。

（十五）其他个性化服务。根据入选案例技术单位具体需求，共同拓展典型节能技术其他推广应用等服务。

五、工作组织领导

（一）本次评选和推广服务工作由国家节能中心负责，主要承担组织领导、规范制订、统筹协调、监督检查和提供咨询服务等工作。评选和推广服务工作将充分依靠、发挥专家力量，在申报单位、案例技术应用单位、申报组织单位等社会各有关方面的支持、帮助和监督下，把各方面都信服的典型案例评选出来，切实发挥先进案例技术示范引领作用。

（二）国家节能中心负责组织、直接参与评选工作的人员与参评专家及专家分组情况一并公示，接受申报单位、申报组织单位等社会各有关方面监督。

六、违纪违规等处理

（一）申报单位和申报组织单位通过弄虚作假或以行贿等不正当手段获取典型案例荣誉的，一经发现即取消其资格，并通过媒体向社会通告，向全国信用信息共享平台、市场监管综合执法、企业信用评价等部门机构提交通报材料；对负有直接责任的主管人员和其他直接责任人员，提请其所在单位或主管部门依法依纪依规给予相应的处理。

（二）参加评选和推广服务工作的专家违反诚信承诺和工作纪律规定以及相关法律法规的，将取消其进入国家节能专家库的资格，向其所在单位或主管部门通报并提请依法依纪依规给予相应处理。

（三）参与评选和推广服务工作的国家节能中心人员，在评选和推广服务工作中有收受贿赂、弄虚作假、营私舞弊、泄露秘密等违反法律法规和纪律规定行为的，一经发现由国家节能中心依法依纪依规给予相应的处理。

（四）整个评选和推广服务工作过程接受和欢迎所有申报单位、案例技术应用单位、申报组织单位等社会各有关方面的监督，反映的问题一经调查核实即严肃处理。

七、附则

（一）本办法为 2021 年版，今后将根据实际情况进行修订完善。

（二）本办法由国家节能中心负责解释，自发布之日起实施。

附件：1. 专家诚信评选和后续推广服务承诺书

2. 初步评选阶段专家个人评选意见表

3. 初步评选阶段专家组评选意见表

4. 情况复核阶段初评专家组评选意见表

5. 各组别进入现场答辩环节案例汇总名单

6. 现场答辩专家个人意见表

7. 现场答辩案例票数汇总表

8. 进入现场核实环节案例汇总表

9. 现场核实报告表

10. 拟最终入选典型案例公示名单

11. 最终入选典型案例名单

重点节能技术应用典型案例评选和推广工作（2021）
专家诚信评选和后续推广服务承诺书

本人作为评选和推广服务专家，参加国家节能中心组织的重点节能技术应用典型案例评选和推广工作（2021），在工作过程中承诺做到：

一、以科学、客观、公正的态度参加评选工作，评选全过程坚持准则、通则、标准和要求，不带有单位、个人偏见。

二、在评选过程中独立判断，不受任何其他方面的影响，也不以任何方式影响、干扰其他专家评选工作。

三、遵守评选纪律，不与申报单位、案例技术应用单位等可能影响公正评选的方面私下联系或接触；在最终结果公布前，不向外透露与评选工作有关的任何情况。

四、不复制、抄录和保留任何申报材料，不以任何形式泄露或剽窃申报材料中的成果内容。

五、服从评选和推广服务工作各项安排和要求，保障按时参加。

本承诺书由本人自愿签字，如有违反，愿承担失信责任。

专家签字：

2021 年   月   日

重点节能技术应用典型案例评选和推广工作（2021）
初步评选阶段专家个人评选意见表

编号：＿＿＿＿＿＿＿　　　　组别：＿＿＿＿＿＿

案例全称：＿＿＿＿＿＿＿＿＿＿＿＿＿＿＿＿

申报单位全称：＿＿＿＿＿＿＿＿＿＿＿＿＿＿

科目		具体内容	
一、否决性审查			
1.新发展理念		是否符合新发展理念要求	□是　□否
2.法规政策		是否符合国家法律法规和政策	□是　□否
3.国家标准		是否符合国家及国家认可的相关标准	□是　□否
4.知识产权		是否存在科技成果和专利权属争议	□是　□否
5.信用信誉		有无重大失信记录	□是　□否
6.技术原理		是否科学	□是　□否
二、初评分值（单选，总值为150分）			得分
1.技术水平（30）	技术先进性（10）	A 先进（10~8） B 较先进（7~4） C 一般（3~0）	
	技术创新性（10）	A 独创（10~8） B 一般（7~4） C 较少（3~0）	
	关键技术（10）	A 强（10~8） B 较强（7~4） C 一般（3~0）	
	分值小计		
2.能效水平（25）	节能量（10）	A 较大（10~8） B 一般（7~4） C 较小（3~0）	
	节能率（10）	A 高（10~8） B 中（7~4） C 低（3~0）	
	能效水平（5）	A 较大提高（5~4） B 提高（3~2） C 持平（1~0）	
	分值小计		
3.经济效益（15）	投资回收期（5）	A 3 年以内（5~4） B 3 到 5 年（3~2） C 5 年以上（1~0）	
	投资强度（5）	A 较低（5~4） B 一般（3~2） C 较高（1~0）	
	运行费用（5）	A 较低（5~4） B 一般（3~2） C 较高（1~0）	
	分值小计		

科目	具体内容	
4.社会效益（20）	贯彻新发展理念，促进经济社会发展全面绿色转型有体现（3~0）	
	推动高质量发展有体现（3~0）	
	在完成国家能耗双控任务、碳达峰碳中和目标中有作用（3~0）	
	在国家重大建设工程中有作用（3~0）	
	在打好污染防治攻坚战、打赢蓝天保卫战中有作用（2~0）	
	在脱贫攻坚战和乡村振兴、就业及民生改善中有作用（2~0）	
	对促进产业转型升级、壮大节能环保产业有作用（2~0）	
	对促进行业领域、产业园区、大型建筑等整体能效提升有作用（1~0）	
	对资源节约和循环利用、能源节约消费有作用（1~0）	
	分值小计	
5.推广价值（60）	技术可靠性（10）	A. 可靠（10~8）　B. 一般（7~4）　C. 较差（3~0）	
	可复制性（10）	A. 高（10~8）　B. 中（7~4）　C. 低（3~0）	
	推广潜力及前景（15）	A. 大（15~10）　B. 中（9~5）　C. 小（4~0）	
	在用案例数量（5）	A. 10个以上（5~4）　B. 5~10个（3~2）　C.少于5个（1~0）	
	用户认可度、满意度、口碑（10）	A. 好（10~8）　B. 较好（7~4）　C. 一般（3~0）	
	入选国家和省级政府有关部门发布的节能技术推广目录情况（10）	A. 国家级部门（10）　B. 省级部门（5）　C. 未在列（0）	
	分值小计	
三、初评总分		
四、推荐建议	□推荐　　□不推荐	
五、对建议推荐的案例，是否需要进一步了解情况或补充材料	□不需要 □需要针对以下问题进一步了解情况或补充材料：	
初评专家组专家签字		签字日期	

重点节能技术应用典型案例评选和推广工作（2021）
初步评选阶段专家组评选意见表

编号：＿＿＿＿＿＿＿　　　组别：＿＿＿＿＿＿

案例全称：＿＿＿＿＿＿＿＿＿＿＿＿＿＿＿

申报单位全称：＿＿＿＿＿＿＿＿＿＿＿＿＿

科目	具体内容
一、初评专家组专家初评平均分	
二、是否推荐进入现场答辩环节	□推荐　□不推荐
三、对建议推荐进入的案例，是否需要进一步了解情况或补充材料	□ 不需要 □ 需要针对以下问题进一步了解情况或补充材料：
初评专家组专家签字	

初评专家组组长签字		签字日期	

重点节能技术应用典型案例评选和推广工作（2021）
情况复核阶段初评专家组评选意见表

编号：＿＿＿＿＿＿＿　　　组别：＿＿＿＿＿＿

案例全称：＿＿＿＿＿＿＿＿＿＿＿＿＿＿

申报单位全称：＿＿＿＿＿＿＿＿＿＿＿＿

科目	具体内容	
一、初评专家组提出需要进一步了解情况或补充材料等的结果情况说明（此部分内容由组织方填写）	1. 进一步了解情况的结果	
	2. 补充说明材料情况	
	3. 其他需要说明的情况	
二、初评专家组确定该案例是否进入现场答辩环节	□进入　□不进入	
初评专家组专家签字		
初评专家组组长签字		签字日期

重点节能技术应用典型案例评选和推广工作（2021）各组别进入现场答辩环节案例汇总名单

组别：_____

（按初评专家组专家初评平均分多少排列）

序号	案例全称（编号）	申报单位全称
初评专家组专家签字		
初评专家组组长签字		签字日期	

重点节能技术应用典型案例评选和推广工作（2021）
现场答辩专家个人意见表

（各组别顺序由组织方明确，各组别内的答辩顺序按抽签结果确定）

序号	案例全称	申报单位全称	是否推荐（是或否）
现场答辩专家组 专家签字		签字日期	

重点节能技术应用典型案例评选和推广工作（2021）
现场答辩案例票数汇总表

（按现场答辩得票数量多少排列）

名次	案例全称	申报单位全称	票数合计

现场答辩专家组专家签字	
现场答辩专家组组长签字	签字日期

重点节能技术应用典型案例评选和推广工作（2021）
进入现场核实环节案例汇总表

（按现场答辩得票数量多少排列）

名次	案例全称	申报单位全称	案例项目所在地

现场答辩专家组专家签字	
现场答辩专家组组长签字		签字日期

重点节能技术应用典型案例评选和推广工作（2021）
现场核实报告表

编号：＿＿＿＿＿＿＿　　　组别：＿＿＿＿＿＿

申报单位全称	
案例全称	
案例技术应用单位全称	
案例项目所在地	
一、技术应用案例的真实性	
1. 案例技术应用单位基本情况与申报材料一致性（包括单位性质、法定代表人、经营范围、成立时间、注册资金等）	（1）□一致　　　　□不一致 （2）差异情况说明：
2. 与案例项目相关的商业合同、发票等原始凭证真实有效性	□原始凭证真实有效 □原始凭证存疑 □无法提供
3. 案例项目主要设备铭牌、软件、参数与案例技术符合性	□符合 □不符合 □无法提供
4. 其他应当核实的真实性内容	
二、案例技术的应用效果	
1. 技术水平和能效水平	确认申请报告中描述的技术和能效水平与实际情况的一致性；核实节能效果检测报告或评价（评估）报告等数据与实际情况的一致性。 （1）与申请报告描述　　□一致　　　□不一致 （2）与节能效果检测报告或评价（评估）报告等数据 □一致　　　□不一致 （3）不一致情况说明： （4）存疑情况说明：

	根据现场核实的运行记录及用户反映等，确认技术的实际可靠性等。
2.技术的可靠性	（1）□可　靠　　　□不可靠 （2）需要说明的情况：
3.经济效益	确认与申请报告的一致性，如有较大偏差，分析产生偏差的原因。
	（1）与申请报告内容　　□一致　　　□不一致 （2）有较大偏差原因分析：
4.社会效益	核实案例技术在国家重大战略、任务、工程和民生改善、推进行业技术进步、促进产业升级、能源消费转型等方面，以及在地方、行业领域等发展中发挥作用、体现等情况，各类专利、奖项情况等。
	（1）作用、体现情况与申请报告描述 □一致　　　　□不一致 （2）各类专利、奖项等情况与申请报告描述 □一致　　　　□不一致 （3）不一致的，需说明有关情况：
5.其他应当核实的内容说明	

三、案例技术的推广价值				
1.技术目前推广比例	□高	□较高	□中	□较低
2.预计未来3年推广潜力	□大	□较大	□中	□较小
3.推广意愿和力度	□大	□较大	□中	□较小
4.用户认可度、满意度、口碑	□很好	□好	□较好	□一般
5.其他应当核实的内容说明				

四、现场答辩专家组提出的问题及解决情况

现场答辩专家组提出的问题及解决情况	问题如下：
	□完全解决　　□基本解决　　□未解决

五、其他需要现场核实的问题

六、核实结论与建议

现场核实专家组专家签字	
现场核实工作人员签字	
现场核实专家组组长签字		签字日期	

重点节能技术应用典型案例评选和推广工作（2021）
拟最终入选典型案例公示名单

（按现场答辩得票数量多少排列）

序号	申报的案例全称	申报单位全称	案例项目所在地
终审专家组专家签字			
终审专家组组长签字		签字日期	

重点节能技术应用典型案例评选和推广工作（2021）
最终入选典型案例名单

序号	申报单位全称	申报的典型案例全称	规范后的典型案例全称 （后续推广工作以此为准）
终审专家组 专家签字			
终审专家组 组长签字		签字日期	

国家节能中心关于开展第三届
重点节能技术应用典型案例征集工作的通知

（节能〔2021〕7号）

各省、自治区、直辖市及计划单列市节能中心，各有关行业协会、科研院所、企事业等单位：

国家节能中心自2017年起，按照国务院"十三五"节能减排综合工作方案、国家发展改革委等部门"十三五"全民节能行动计划等要求，组织开展了两届重点节能技术应用典型案例评选和推广工作，取得了较好的成效，得到了业界和各有关方面的认可。根据党中央、国务院对"十四五"时期生态文明建设、绿色发展和碳达峰碳中和以及节能减排等决策部署，在往届探索实践的基础上，结合向社会各有关方面公开征求的意见，我们修订并于2021年4月7日发布实施了《国家节能中心重点节能技术应用典型案例评选和推广工作办法（2021）》（节能〔2021〕6号，以下简称《办法》）。

根据《办法》，国家节能中心决定组织开展第三届重点节能技术应用典型案例评选和推广工作（2021），现面向全社会公开征集重点节能技术应用典型案例，有关事项通知如下：

一、征集原则性要求

（一）申报单位本着自愿原则申报参加本届评选和推广，并承诺愿意承担示范引领社会责任，有较强的推广意愿、承诺按市场化机制参与开展后续推广工作。

（二）案例应用节能技术应具有先进性、引领性和示范性，环境、经济和社会效益良好。

（三）案例应用节能技术通用性、可复制性较好，应用稳定可靠，具有良好的推广价值，市场和用户认可度、满意度、口碑良好。

二、征集重点及范围

（一）征集重点

在落实新发展理念、促进经济社会发展全面绿色转型和高质量发展中作用突出，在完成能耗双控任务、实现碳达峰碳中和等目标中作用突出，在污染防治攻坚战、蓝天保卫战、脱贫攻坚战和乡村振兴、京津冀协同发展、长三角一体化、长江经济带发展和粤港澳大湾区建设等国家重大战略、重大任务、重大工程和经济社会发展目标完成中作用突出的案例应用节能技术。

特别关注在关键核心技术、通用耗能设备技术、民用设备技术等方面有突破，解决整体节能、系统节能问题的技术，以及能源替代类技术。

（二）主要范围

以 2016 年以来在工业特别是重点耗能行业、产业园区和企业单位，建筑、交通、能源领域，大型公共设施、医院及高等院校等公共机构领域为主，兼顾民用民生、农业农村、商贸等领域，在这些领域新建或节能技改项目中应用节能新技术或新能源技术形成的项目案例，并溯及以往特殊案例。

（三）列入国家和省级有关部门发布的技术推广目录中的节能技术，以及拥有自主知识产权，节能降碳、降本增效效果突出，推广价值大的节能技术优先考虑。

三、征集具体条件要求

（一）申报单位及其申报的案例项目技术应用单位近三年来经营发展正常，不涉及破产、重组、停牌等重大事项，无重大失信记录及其他违法行为等。

（二）申报的案例技术无知识产权权属争议。

（三）申报的案例项目到申报截止之日时已稳定运行 1 年以上，无安全、环保等方面问题；有具备资质的第三方机构出具的对申报的案例项目的节能效果检测报告或评价（评估）报告，或者由案例项目技术应用单位出具的相关证明材料。

（四）已入选前两届国家节能中心重点节能技术应用典型案例的案例技术项目不能重复申报。

四、申报要求

（一）申报方式

请各省、自治区、直辖市及计划单列市等地方节能中心，积极组织并集中申报本地区符合条件的先进节能技术应用案例，共同致力于后续节能技术的推广应用工作，为"十四五"节能减排、绿色发展做出贡献；鼓励全国、地方性行业协会等社团组织采取集中组织推荐的方式申报；企业、科研院所等单位也可以独立向国家节能中心申报。

（二）需提交的申报材料

1. 填写附件1、2、3材料和表格；附件2中的相关证明材料用扫描件或复印件即可；附件3的项目案例申报数量最多3个、并明确优先顺序，均要体现在申请报告中；表格不可留空，空格填写不下的另附单页。

2. 按附件4要求撰写典型案例申请报告。

3. 申报材料按照附件1~4的顺序，A4纸双面印刷，装订成册（两套），并均在首页加盖申报单位公章。

（三）申报材料提交时间和方式

征集截止日期为2021年7月31日；需以电子版和纸质版两种方式提交，申报时间以电子版发送成功的时间为准；电子版以电子邮件方式发送至dxal@chinanecc.cn；纸质版邮寄地址为：北京市西城区三里河北街12号，邮编：100045，国家节能中心（推广处）收。

五、工作咨询服务联系方式

于泽昊：010-68585777-6039，150 1059 8988

张　宽：010-68585777-6040，153 2180 7630

附件：1. 申报单位对申报材料及后续推广等事项承诺书

　　　2. 重点节能技术基本情况表

　　　3. 重点节能技术应用案例项目情况表

　　　4. 申请报告正文格式和内容要求

国家节能中心

2021 年 4 月 20 日

申报单位对申报材料及后续推广等事项承诺书

国家节能中心：

我单位自愿申报参加本届国家节能中心组织的重点节能技术应用典型案例评选和推广工作，承诺提交的全部材料均真实有效，我单位无重大失信记录及其他违法行为等，申报的案例技术无科技成果和知识产权权属争议。我单位对申报的案例技术有较强的推广意愿，承诺愿意承担示范引领社会责任并承诺在最终入选典型案例后按市场化机制参与开展后续推广工作。

如有不实，愿承担全部责任。

申报单位全称：

法定代表人或授权代表签字并加盖公章：

2021 年　月　日

重点节能技术基本情况表

申报的案例技术名称			
申报单位全称			
联系人姓名		职务	
手机		座机	
传真		邮编	
邮寄地址			
电子邮箱			
技术基本情况			
所属领域及适用范围			
应用及作用发挥情况			
主要技术指标			
技术内容描述	技术原理		
	工艺流程		
	技术先进性		
	技术创新点		
	关键技术		
	能效水平		
	其他		
技术鉴定、专利、获奖等情况 （附证明材料）			

重点节能技术应用案例项目情况表

案例项目全称			
项目所在地			
开工时间		竣工时间	
投资额（万元）		投资回收期（年）	
申报的案例技术应用单位全称			
建设或改造规模			
建设或改造条件			
新建或改造主要内容			
案例项目总节能量（tce）			
案例项目总碳减排量（tCO_2）			
申报的案例技术在此案例项目中应用及发挥节能作用情况			
环境效益、经济效益和社会效益			

申请报告正文格式和内容要求

一、申报单位概况

申报单位基本情况，包括申报单位全称、性质、法定代表人和单位情况简介等。

二、申报的案例项目全称

申报的案例项目全称应包括：应用地点、单位，技术名称、主要特征等要素，体现简明、易记、无歧义、便于推广等需要。

三、申报的案例技术情况

（一）技术基本情况。

（二）技术原理。

（三）工艺流程。详细说明技术工艺流程，必要时应附结构图、流程图、示意图等。

（四）技术先进性、主要创新点、关键技术等。

（五）主要技术参数、能效指标与现有同类技术的对比情况；案例为改造项目的，须同时提供改造前后的对比情况。

（六）其他应当说明的情况。

四、申报的案例项目概况

（一）案例项目基本情况。

（二）主要内容：新建项目应提供与同类现有技术的对比情况，包括节能效果、使用性能、经济效益等分析；节能技术改造项目应提供节能改造前用能等主要情况，节能改造具体内容，改造后的节能效果、使用性能、经济效益等对比分析。

（三）节能效果相关内容，应包括具备资质的第三方机构出具的节能效果检测报告或评价（评估）报告，或者由案例项目技术应用单位出具的相关证明材料。

五、申报的案例技术应用单位评价结论

（一）案例技术应用单位对案例项目节能技术效果的评价及结论，并应提供案例技术应用单位联系人、联系电话（包括手机号码）、电子邮箱及详细联系地址等。

（二）案例技术应用项目证明，包括采购合同或发票（扫描件和复印件均可）等。

（三）除申报的案例外，可提供其他案例技术应用单位对技术效果的评价及结论；同时，还应列出其他案例技术应用单位清单，清单应包括案例技术应用单位全称、案例项目全称、联系人、联系电话、电子邮箱及详细联系地址等。

六、申报的案例项目其他材料

申报的每个案例项目至少配 5 张分辨率不低于 1000DPI 的相关照片，以及能说明案例技术应用效果的其他材料。

附件四

关于第三届重点节能技术应用典型案例
最终入选典型案例名单的通告

(节能〔2022〕21 号)

各申报单位、申报组织单位和社会各有关方面：

根据《国家节能中心重点节能技术应用典型案例评选和推广工作办法（2021）》（节能〔2021〕6 号，以下简称《办法》），自 2021 年 8 月开始，经信誉核实、初步评选、情况复核、现场答辩、现场核实、公示等环节工作，终审专家组专家确定了 16 个最终入选典型案例。为便于后期宣传推广使用，终审专家组对典型案例全称统一作了规范，现将最终入选典型案例名单正式发布如下：

第三届重点节能技术应用典型案例最终入选典型案例名单（排名不分先后）

序号	申报单位全称	申报的典型案例全称	规范后的典型案例全称（后续推广工作以此为准）
1	北京华源泰盟节能设备有限公司	大榭石化 30 万吨 / 年乙苯装置工艺热水余热回收项目	宁波大榭石化乙苯装置工艺热水升温型热泵余热回收项目
2	湖南省力宇燃气动力有限公司	山西盂县上社低浓瓦斯发电项目	山西盂县上社煤矿低浓度瓦斯内燃机发电项目
3	上海美控智慧建筑有限公司；广东美的暖通设备有限公司；广东美控智慧建筑有限公司	广州地铁天河公园站超高效智能环控系统与智慧运维云平台应用	广州地铁天河公园站智能环控系统与智慧运维云平台应用
4	上海易永光电科技有限公司	上海迪士尼旅游度假区二期项目灯光提升工程	上海迪士尼旅游度假区二期项目 LED 路灯能效提升工程
5	安徽普泛能源技术有限公司	利用蒸汽冷凝液余热深度制冷项目	中盐红四方公司利用蒸汽冷凝液低温余热驱动复合工质制冷项目
6	山东天瑞重工有限公司	昌乐盛世热电脱硫脱硝工艺磁悬浮鼓风机应用	昌乐盛世热电脱硫脱硝系统磁悬浮鼓风机应用
7	深圳市华控科技集团有限公司	深圳市海吉星国际农产品物流管理有限公司 2# 配电室 12#1250kVA/4# 配电室 6#1600kVA 变压器配电系统节电技改项目	深圳海吉星农产品物流管理公司配电系统节电技改项目

序号	申报单位全称	申报的典型案例全称	规范后的典型案例全称（后续推广工作以此为准）
8	中石大蓝天（青岛）石油技术有限公司	胜利油田东辛采油厂营二管理区营26断块直流母线群控供电技术应用工程	胜利油田东辛采油厂营二管理区直流母线群控供电技术应用工程
9	华为数字能源技术有限公司	华为东莞台科园云数据中心项目1号中试实验楼（别名：东莞华为云数据中心T1栋）	东莞华为云团泊洼数据中心T1栋预制模块化应用
10	唐山助钢炉料有限公司	湖南涟钢冶金材料科技有限公司1#、2#、3#、4#气烧竖窑大修改造工程（一期、二期）	湖南涟钢冶金材料科技公司气烧活性石灰焙烧竖窑改造工程
11	上海赛捷能源科技有限公司	江南造船（集团）蒸汽系统改造项目	江南造船（集团）空压机余热回收利用替代蒸汽节能改造项目
12	恒有源科技发展集团有限公司	北京市海淀外国语实验学校京北校区地能热泵环境系统	北京市海淀外国语实验学校京北校区单井循环地源热泵系统工程
13	上海麟祥环保股份有限公司	淄博市直机关第一综合办公楼托管型合同能源管理项目	淄博市直机关第一综合办公楼热源塔热泵改造及能源托管项目
14	北京英沣特能源技术有限公司	中云信顺义云数据中心储能设备项目	中云信顺义云数据中心空调系统水储能项目
15	北京长信万林科技有限公司	应用节油减排型燃油添加剂提升油品质量（甘肃省）	甘肃中石油加油站节油减排型燃油添加剂应用
16	山西丰运海通科技有限公司	山西大商联商贸有限公司中央空调能源管理系统技术改造项目	山西大商联商贸公司中央空调能源管理系统优化项目

在此，向各申报单位、申报组织单位和社会各有关方面对这项工作的关心和支持表示衷心的感谢！向最终入选典型案例的16家申报单位表示祝贺！

按照《办法》和宣传推广服务协议确定的事项，我们将与最终入选典型案例的申报单位、技术应用单位、各领域专家以及社会各有关方面一道，本着共商共建共享的原则，继续做好后续最终入选案例技术宣传推广应用等工作，把重点节能技术应用典型案例工作打造成推进节能技术进步、促进节能产业发展的品牌性工作，为节能降碳、绿色发展做出更大的贡献。

特此通告。

附件五

国家节能中心重点节能技术应用典型案例（2021）
首场发布推介服务活动综述

节能提高能效是实现碳达峰碳中和目标、助力高质量发展的重要手段。加快节能降碳先进技术应用是提高能源利用效率、减少碳排放、促进绿色低碳生产方式和生活方式形成的重要途径。党的二十大报告提出了"加快节能降碳先进技术研发和推广应用"等要求，为我们做好相关工作提供了根本遵循。

为推进节能降碳先进技术推广应用、发挥绿色技术示范引领作用，国家节能中心从 2017 年起开展了两届重点节能技术应用典型案例评选和推广服务工作，得到了社会各方面的广泛关注和认可。2021 年 4 月，中心在总结前两届工作经验基础上，启动了第三届典型案例评选和推广服务工作，经信誉核实、初步评选、情况复核、现场答辩、现场核实、公示等十几个环节，本届专家团队和终审专家组从申报的 138 个案例项目中最终确定了 16 个入选典型案例，国家节能中心于 2022 年 10 月 14 日向全社会正式通告了入选典型案例名单。

为体现本届典型案例技术的先进性、示范引领性，推动案例技术更广泛地应用，2022 年 12 月 30 日，国家节能中心在京以"线上＋线下"方式开展了第三届重点节能技术应用典型案例首场发布推介服务活动。国家发展改革委环资司、产业司，国家机关事务管理局公共机构节能管理司等部门，相关地方节能中心、行业协会、科研院所，16 家典型案例技术单位和 16 家应用单位，以及新华社、人民网、中国发展改革报社等 10 家媒体主要以线上方式参加了本次活动。中国科学院院士、西安交通大学教授何雅玲，国家机关事务管理局公共机构节能管理司朱呈义司长，国家发展改革委产业司龚桢梽副司长，国家发展改革委环资司节能处勤坤处长等线上参加活动，国家节能中心任献光主任现场出席活动。活动由国家节能中心副主任史作廷同志现场全程主持。

何雅玲院士在致辞中指出，先进适用节能技术广泛推广应用，不仅是绿色高质量发展的需要，也是落实"双碳"目标的重要支撑，更是加快节能低碳产业可持续发展的基础保障。国家节能中心本着务实的工作态度，创造了重点节能技术应用典型案例评选与推广这一品牌性工作，为广大节能技术单位和用能单位打造了一个坚实可靠的节能技术推广应用平台，从更加实用的角度推动了节能技术进步、产业发展。何雅玲院士指出，她一直十分关注国家节能中心的重点节能技术应用典型案例评选和推广工作，并作为评选专家参加了第一届典型案例评选和推广工作，亲身感受到节能中心脚踏实地、严谨细致的工作作风，整个评选过程有十几个环节，由专家团队集体自主决策，充分体现了公平公正透明的原则，切实保障了把先进适用的节能技术评选出来、推广出去。她希望节能中心继续积极推动先进节能技术普及应用，推动全社会参与节能降耗，也希望各案例企业切实发挥好"榜样的力量"，为节能技术发展、促进高质量发展和实现"双碳"目标做出更大贡献。

国管局节能司朱呈义司长首先对本次活动的成功举办表示热烈祝贺，向国家节能中心长期以来对公共机构节能工作的支持表示衷心感谢！他指出，国家节能中心举办此次发布推介服务活动，是贯彻落实党的二十大精神的务实举措，有助于挖掘先进适用节能技术，让原本看不见、摸不着的技术更具感知性、具象化，促进节能技术推广难、选择难等问题的解决，引导各类用能单位在新建或改造项目中更多应用节能降碳绿色技术，这对推动节能产业技术进步、为绿色发展赋能添力具有重要的现实意义。

国家节能中心任献光主任在致辞中指出，党的二十大报告强调了推动经济社会发展绿色化、低碳化是实现高质量发展的关键环节，明确了加快发展方式绿色转型等战略任务。国家节能中心从履职尽责角度出发，开展的三届重点节能技术应用典型案例评选和推广工作始终坚持"公平、公正、公开"等刚性准则，严格遵循"客观准确、质量第一、宁缺毋滥"等评选原则，本着评选是前提、体现公益性，推广是目的、按市场化机制进行的思路，将经专家团队精心评选出的先进节能降碳技术在更大领域推广应用、发挥示范引领作用。下一步，国家节能中心将继续加大与案例技术单位和应用单位、地方节能中心、行业协会以及专家团队等有关方面的合作，持续做好后续宣传推广服务工作，为深入贯彻落实党的二十大精神，更好地发挥节能降碳技术在推进绿色高质量发展和实现"双碳"目标中的作用而不懈努力。

图 1　国家节能中心主任任献光同志致辞

活动现场播放了本届典型案例评选工作回顾及后续推广服务计划视频片，国家节能中心还聘请了由何雅玲院士领衔的 20 位参与本届评选工作的专家，作为本届典型案例技术推广顾问。4 位技术推广顾问代表在现场逐一对 16 个入选典型案例技术特点、优势和案例应用情况等进行了评价推介，播放了 16 家案例技术单位制作的视频短片。

图 2　本届入选的典型案例技术应用案例外观运行状态：
山西盂县上社煤矿低浓度瓦斯内燃机发电项目

为增强案例技术入选的现实感，国家节能中心根据疫情实际情况创新工作方式，组织典型案例技术单位和应用单位在不增加企业负担的情况下，在生产一线领取了证书等，并各自录制了短视频。在活动现场播放了由16家短视频合成的《来自一线的荣誉——入选国家节能中心第三届重点节能技术应用典型案例技术和应用单位获证书等自媒体视频集锦》，充分体现了典型案例技术来自生产一线、要应用生产一线、荣誉也应奖励给生产一线的技术员工等理念，视频简朴实在、生动活泼、感动人心，得到了广泛的好评，取得了良好的宣传推广效果。

图3 入选本届典型案例技术和应用单位获国家节能中心
第三届重点节能技术应用典型案例证书等视频图片

为了更好地体现这项工作的品牌价值，提高这项工作的独特性、权威性和影响力，国家节能中心于2020年8月注册成功的"重点节能技术应用典型案例"商标，很受入选典型案例技术单位的欢迎。为此，国家节能中心本届也用创新的方式组织案例技术单位和应用单位开展了案例技术应用现场商标贴标活动，并各自录制了短视频，合成了《绿标联接你我他——入选国家节能中心第三届重点节能技术应用典型案例技术和应用单位贴标等自媒体视频集锦》，充分体现了商标的实用性、受欢迎的程度，本次活动现场播放后同样收到了广泛赞誉和良好的效果。

图4　入选本届典型案例技术和应用单位在案例技术应用现场张贴
国家节能中心注册的"重点节能技术应用典型案例"商标

国家节能中心史作廷副主任在活动总结中指出，重点节能技术应用典型案例评选和推广工作是国家节能中心着力打造的品牌性工作，已得到了社会各界的广泛关注和认可。本次活动只是本届典型案例技术宣传推广工作的开始。接下来，中心将对本次发布服务活动影像进行剪辑并在网上播放宣传；后续还将开展媒体宣传、书籍出版、展览展示、供需对接等推广服务，并积极向国家发展改革委等部门推荐典型案例技术，努力推动这些技术应用到国家需要的领域和重大项目中去；中心还将整合有关资源，进一步推动节能降碳关键技术研发工作，为提高重点用能领域能效水平做出更大贡献。他希望地方节能中心、有关行业协会、节能技术单位和应用单位、新闻媒体以及技术推广顾问等各方面能够积极支持和参与各项后续推广服务活动，为推动节能降碳先进技术研发和推广应用做出更大的贡献！

国家节能中心

2023 年 1 月

附件六
《家园的模样——节能推广之歌》
（作词：石亭等；作曲：梁伽源）

　　为丰富国家节能中心重点节能技术应用典型案例的技术推广手段和途径，我中心于 2020 年 10 月制作了《家园的模样——节能推广之歌》，并于 2020 年 10 月 16 日在重点节能技术应用典型案例（2019）首场发布推介服务活动中首次向全社会播放，引起热烈反响。歌曲采用广场舞曲风，节奏欢快，并加入说唱元素，旨在融入百姓生活，全民参与到节能推广中来。2022 年 12 月 30 日，我中心在重点节能技术应用典型案例（2021）首场发布推介服务活动中再次进行了播放，得到了线上线下嘉宾的广泛认可和高度评价。本歌曲已正式在我中心官网和微信公众平台发布，欢迎广大节能技术企业及社会各方下载，积极传唱和应用。

　　让我们共同致力于节能技术推广，为了美丽家园的模样，添上五彩的芬芳，添上无尽的力量！

（词曲可扫描此二维码阅看使用）

国家节能中心第三届重点节能技术应用
典型案例（2021—2022）首场发布推介服务活动视频

　　为推进节能降碳先进技术推广应用，更好地发挥绿色技术示范引领作用，扩大本届典型案例技术推广工作力度，2022年12月30日，国家节能中心在京以"线上＋线下"方式开展了第三届重点节能技术应用典型案例（2021）首场发布推介服务活动。活动受到社会各有关方面广泛关注和赞誉。应广大用户的要求，我们对整场活动视频录像进行了剪辑，突出了本届典型案例技术的宣传推介内容，并于2023年1月4日16:00上线发布，以供各需求方观阅了解，欢迎扫码随时回看本次活动，此二维码长期有效。本届典型案例首场发布推介服务活动主要环节和时序安排见下表。

序号	主要环节	时序
1	领衔技术推广顾问致辞	00:02:17—00:06:22
2	典型案例评选工作回顾及后续推广服务计划	00:06:23—00:12:06
3	技术推广顾问名单发布	00:12:07—00:12:45
4	典型案例最终入选名单发布	00:12:46—00:13:10
5	第一组典型案例推介与技术应用情况介绍	00:13:11—00:24:56
6	第二组典型案例推介与技术应用情况介绍	00:25:00—00:35:11
7	第三组典型案例推介与技术应用情况介绍	00:35:12—00:47:57
8	第四组典型案例推介与技术应用情况介绍	00:48:02—00:59:39
9	来自一线的荣誉——入选国家节能中心第三届重点节能技术应用典型案例技术和应用单位获证书等自媒体视频集锦	00:59:42—01:04:14
10	国家节能中心重点节能技术应用典型案例注册商标宣传片	01:04:15—01:06:53

序号	主要环节	时序
11	绿标联接你我他——入选国家节能中心第三届重点节能技术应用典型案例技术和应用单位贴标等自媒体视频集锦	01:06:54—01:10:06
12	技术推广顾问代表发言	01:10:07—01:13:29
13	典型案例技术单位代表发言	01:13:35—01:17:36
14	典型案例技术应用单位代表发言	01:17:37—01:20:21

附件八

关于开展重点节能技术应用典型案例
评选和推广工作的总结

为更好地履行节能技术、产品和新机制推广职责，充分发挥技术节能在提高能效等方面的重要作用，从 2017 年起，中心组织开展了三届重点节能技术应用典型案例评选和推广工作（以下简称"典型案例工作"），得到了社会各界的广泛认可和赞誉。现将主要做法、体会和下一步工作考虑总结如下。

一、主要做法和成效

中心按照以问题为导向、用事实说话的思路，努力把一批具有示范推广价值的节能先进技术评选出来、推广出去。

（一）做好评选指标程序规则设计。在充分总结中心、有关方面技术推广实践及借鉴国外经验等基础上，针对目前节能技术选择难、推广难、落地难等突出问题，我们确定了以典型案例评选和推广服务相结合的方式更好地履职尽责。为此，在首届工作中，我们就着力制定了《国家节能中心重点节能技术应用典型案例评选和推广工作办法（2017）》（以下简称《办法》），并在每届评选工作开始前，及时总结上届工作的经验、教训和不足，对《办法》进行修订完善，以保障评选指标体系更加科学合理、推广服务手段更加务实有效。每次制修订《办法》，我们都向全社会公开征求意见，评选指标分值构成、环节过程表格等也同样向社会公开，用全方位的透明做法体现公平、公正、公开，增强社会公认度。《办法》规定了这项工作要严格遵照"三公"以及客观准确、质量第一、宁缺毋滥等刚性准则，强调了评选是前提、推广是目的，评选工作充分体现公益性，不收取任何费用；后续推广服务按照市场化原则进行，以保障这项工作能够可持续地开展下去。考虑到技术研发和推广应用的周期性规律，《办法》明确了这项工作以两年为一个周期，第一年重点组织典型案例评选、第二年重点开展案例技术推广服务，前后相互衔接，用严谨务实的评选成果为推广服务奠定坚实基础，用扎实有效的推广服务实现典型案例评选的示范引领目的。

（二）严格将节能先进技术应用案例评选出来。典型案例评选工作前首先进行三个月的案例征集工作，每届都根据当年党中央、国务院的决策部署，对重点范围、具体条件等做出调整。案例征集结束后，依据《办法》，要经过征集情况周知、初筛分类、信誉核实、专家遴选和组织、初步评选、情况复核、现场答辩、现场核实、公示及结果处理、最终确定、结果公布等十几个环节。专家团队成员遴选是保证评选质量的关键环节，每届案例征集工作结束后，根据申报案例情况，按照基本资格、专业领域和业内信誉口碑等多方面要求，先后对193位参评专家及所有工作人员都进行严格筛选并向社会予以公示，避免了有利益相关专家和人员参与评选；现场答辩环节全过程录像以备社会各方查证；将案例征集、初步评选、现场答辩、现场核实等8个评选关键节点结果在中心网站和微信公众号进行了通告，及时接受各有关方面监督、落实"三公"要求。三届评选工作由专家组分别从211个、279个、138个符合要求的申报案例中确定了15个、16个、16个最终入选典型案例。入选案例技术涵盖工业、建筑、交通、公共机构和新型基础设施等重点行业领域，特别注重把促进经济社会全面绿色转型和高质量发展中作用突出的节能技术评选了出来。

（三）精心组织典型案例技术推广服务。为切实达到这项工作的推广示范目的，中心与入选典型案例技术单位按照自愿原则商定推广服务内容，并签署技术宣传推广咨询服务协议。根据协议需要落实的内容，我们整合有关力量，共同搭建技术推广服务平台，组织开展典型案例首场发布推介、授权使用商标、节能技术供需对接、中心长廊展板展示、媒体宣传报道、出版发行书籍等一系列宣传推广服务活动。如，从2018年起，中心先后在河南、北京、广东等地开展了 5 场较大规模的节能技术供需对接服务活动，推动解决节能技术供需信息不对称、对接不精准、成效不高等突出问题，共有包括典型案例在内的 376 项技术、300 多家节能技术企业、400 多家需求企业、3000 多人参加对接活动，促成供需双方及有关方面达成各类协议 100 余项，涉及项目资金超过 100 亿元。同时，中心根据地方需求推荐典型案例等技术参加辽宁、浙江、河南、广东、湖南、湖北等省市组织的技术对接活动，为地方节能工作贡献了技术成果。

此外，为提升典型案例工作和节能技术供需对接服务的影响力和品牌价值，我们分别于 2020 年 8 月和 2023 年 1 月在国家知识产权局成功注册了"国家节能中心重点节能技术应用典型案例"和"国家节能中心节能技术供需对接服务活动"商标，受到了广泛的欢迎。我们还在每年节能宣传周期间开展形式多样的活动，用不同方式、多种渠道把典型案例等先进技术向全社会进行宣介；将典型案例技术推广服务与开展"节能增效、绿色降碳"服务行动结合起来，推广应用到重点地区和行业领域、产业园区和用能单位，助力各方面降本增效目标的实现。

二、工作经验和体会

典型案例工作是中心为更好地履职尽责、服务国家和社会打造的一项品牌性工作，目前已经取得了明显成效，工作经验和体会如下：一要紧紧围绕服务国家重大任务开展工作。技术节能是促进绿色发展的重要手段，推广应用又是促进技术成熟、引领技术研发、推动技术进步的重要途径。我们工作中始终围绕着贯彻党中央、国务院关于节能减排、绿色降碳等决策部署，在《办法》中就明确要把在污染防治攻坚战、蓝天保卫战、脱贫攻坚战等国家重大战略、重大任务、重大工程和促进经济社会发展指标完成、推动高质量发展中作用突出的节能技术择优评选出来、尽快发挥其示范引领作用。如，第一届评选出的"大同城市级吸收式换热技术供热系统改造"案例，通过"大温差"供热技术，大幅提高了电厂余热的市政供热水平，取得了显著的经济、社会和环境效益，为热电联产集中供热节能环保开辟了新途径；第二届评选出的"港珠澳大桥珠海口岸格力永磁变频直驱制冷设备应用"案例，提升了大桥空调制冷系统的能效水平，在大型公共建筑领域具有较大的推广潜力；第三届评选出的"江南造船（集团）蒸汽系统改造项目"案例，减少了空压机造成的余热浪费，提高了大吨位船只制造的能效水平；等等。二要突出典型案例技术的示范引领作用。节能技术要发挥示范引领作用除了需要具备先进性外，还要具备实用性和适用性等特征。从解决当前节能技改存在的动力不足这个重要问题出发，我们在工作中不仅强调技术要具有提高能效的先进性，也强调技术要有降本增效的实用性、适用性。为把好这一关，我们充分调动了地方节能中心、行业协会、科研院所、高等院校和第三方机构等资源，有7名院士在内的共200多位行业权威专家发挥所长，参与了初步评选、现场答辩、现场核实等重要环节的工作，确保评选出的典型案例技术符合上述要求。工作中特别是从第二届开始，我们反复强调技术单位申报时就要自愿承诺履行推广应用、示范引领的社会责任，最终入选前还要通过咨询服务协议进一步强调履行这项责任，防止只想"获得荣誉和利益"而不愿承担社会责任的申报单位入选，切实实现好开展这项工作的初衷。三要充分整合资源协同促进技术推广。节能技术推广涉及政府、专业机构、行业组织、金融部门、技术和应用单位等多个方面，是链条式、系统性的工作，光靠哪一方"单打独斗"是做不好的，需要把各方力量整合起来，处理好技术推广中涉及的遵循市场化原则、履行公益职责和风险分担等问题，衔接好技术研发、评价认证、对接推广、项目落地等环节，形成协同发力的全链条技术服务模式。如，政府有关部门要做好政策制度供给，为推广服务创造良好的政策环境、提供必要的资金支持；节能中心、行业组织等机构要发挥专业优势，搭建技术供需对接、成果转化等服务平台；技术单位要以用户需求为导向，提升服务质量、推进合作项目落地；金融机构等要积极做好融资服务，等等。四要通过商标注册等手段确定法律地位和提升品牌价值。"国家节能中心重点节能技术应用典型案例"商标核准注册，为典型案例工作法律地位的确定和品牌价值的提升提供了保障。为规范商标使用，我们制定发布了《国家节能中心重点节能技术应用典型案例注册商标使用管理暂行办法》，明确了商标使用程序，入选典型案例技术单位可以提出使用申请并经中心审核同意后，可在特定的技术应用典型案例产品设备等上面使用商标。我们还注册了"国家节能中心节能技术供需对接服务活动"商标，制定发布了《国家节能中心节能技术供需对接服务活动注册商标使用管理暂行办法》，其意义在于可以通过这个商标的授权使用，引导动员社会有关力量更加规范地做好节能技术供需对接服务，推动弥补这方面服务的不足。

三、下一步考虑和打算

党的二十大明确提出了"加快节能降碳先进技术研发和推广应用"的重大任务，我们将紧紧围绕落实这个要求，把典型案例工作持续深化地开展下去。一是努力打造节能技术推广应用全链条服务机制。在典型案例工作中，我们将进一步突出提高能效和降本增效的导向，按照市场化规则和社会公益需求，与服务国家发展改革委中心工作、与中心其他服务工作相结合，建立起从先进技术征集、评选到对接、落地等全链条服务机制。二是突出中心优势推动节能技术供需对接转化服务平台机制建设。本着推动各方形成共建、共商、共享机制的原则，促进技术和用能单位、专业机构、行业组织、金融机构、第三方评价机构等多方面资源整合，努力推动建设可持续、有支撑、能够发挥各自优势的技术推广服务平台机制。三是推动通用、共性等关键技术创新突破。通过推广应用倒逼节能技术研发，引导其向符合市场需求的方向发展，重点推动使用范围广泛、整体系统节能效果显著的各类技术有更大的突破，发挥更大的带动作用。四是推动破解节能先进技术推广的体制机制障碍。配合有关方面加快有关节能技术推广应用的《节约能源法》《节能低碳技术推广管理暂行办法》等法规政策和标准的修订，使优先使用节能先进技术等支持措施更加刚性、可操作。探索解决阻碍技术推广应用的问题，推动央地国企内部系统对中小节能技术企业完全开放市场。

　　附件：国家节能中心三届重点节能技术应用典型案例评选和推广工作相关成果材料

国家节能中心

2023 年 10 月

国家节能中心三届重点节能技术应用典型案例
评选和推广工作相关成果材料

一、三届重点节能技术应用典型案例评选征集工作的通知及技术单位申报相关资料

三届典型案例评选征集通知首页

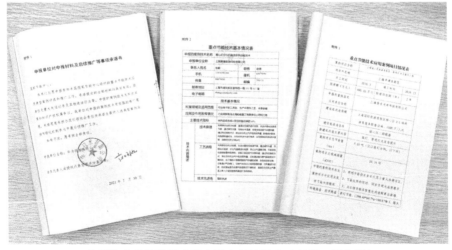

申报技术单位承诺书及申报案例情况表（以第三届为例）

二、三届重点节能技术应用典型案例评选和推广工作办法及相关工作资料

三届典型案例评选和推广工作办法首页

三、"国家节能中心重点节能技术应用典型案例"注册商标及管理使用暂行办法

典型案例商标注册证

中心自主设计并已核准注册的典型案例商标

商标释义：

（一）最内侧是国家节能中心标识，"節（节）"和"能"的艺术变形体，艺术字上部分两个"e"，是"energy efficiency"的缩写，均寓意"节能"；外侧用汉字标注"国家节能中心重点节能技术应用典型案例"字样。

（二）圆形轮廓最外侧为四瓣向外延伸的绿色叶瓣，象征着重点节能技术应用典型案例所代表的先进适用技术向外扩散和推广，发挥示范引领作用。

（三）整体色调为绿色，象征着重点节能技术应用典型案例的宣传推广将会在提高能效、降低成本、保护环境、推动绿色发展等方面发挥越来越大的作用。

《国家节能中心重点节能技术应用典型案例注册商标使用管理暂行办法》首页

四、"国家节能中心节能技术供需对接服务活动"注册商标

节能技术供需对接服务活动商标注册证

中心自主设计并已核准注册的节能技术供需对接服务活动商标

商标释义：

（一）商标主体为蓝色、红色两个菱形组成的方胜纹。方胜纹为汉族传统吉祥成功寓意纹样，一般为两个菱形或正方形压角相叠组成的图案。这里蓝色菱形代表节能技术单位即供方；红色菱形代表重点用能单位，即节能技术需方。

（二）蓝色、红色两个菱形压角相叠代表着节能技术供需双方臂挽臂开展节能技术供需对接，交织成中间的绿色小菱形、中心标识和商标名称，代表着在中心服务推动下节能技术对接成功、落地应用，产生良好节能效果，促进绿色发展。

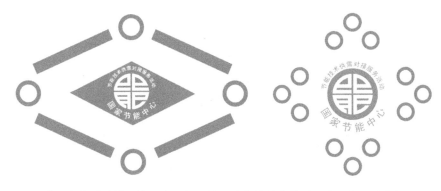

中心自主设计并已核准注册的另外两种节能技术供需对接服务活动商标

左图商标释义：商标中间为中心标识，寓意节能技术单位、重点用能单位等供需各方通过国家节能中心节能技术供需对接服务活动，共同推动节能技术推广应用，促进节能绿色发展。外围三个一组的绿色小圆圈，代表节能技术单位、重点用能单位、行业组织、研发机构、第三方专业机构、专家学者等节能技术供需对接相关方，共同秉持绿色发展理念、发挥各自优势、紧密团结合作，共同促进节能技术推广应用。

右图商标释义：商标绿色菱形中间为中心标识，寓意节能技术单位、重点用能单位等供需各方通过国家节能中心节能技术供需对接服务活动，共同推动节能技术推广应用，促进节能绿色发展。外围蓝色长方条杠代表用能单位，绿色圆圈代表着节能技术单位，二者连在一起表示供需双方及相关方紧密合作、加强对接，共同为绿色发展而努力。

国家节能中心文件

节能〔2023〕20号

关于印发《国家节能中心节能技术供需对接服务活动
注册商标使用管理暂行办法》的通知

各处室、各有关单位：

《国家节能中心节能技术供需对接服务活动注册商标使用管理暂行办法》已经2023年9月19日第91次主任办公会审议通过，现予印发，请遵照执行。

国家节能中心

2023年9月28日

《国家节能中心节能技术供需对接服务活动注册商标使用管理暂行办法》首页

五、入选重点节能技术应用典型案例证书、证牌、荣誉杯和技术推广顾问聘书

入选典型案例证书（以第三届为例）

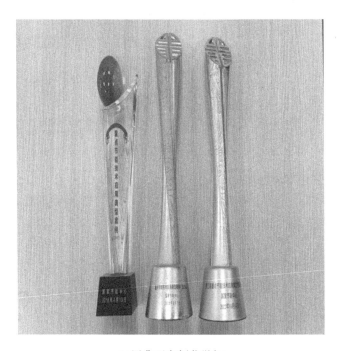

三届典型案例荣誉杯

入选典型案例技术应用单位证牌（以第三届为例）

典型案例技术推广顾问聘书（以第三届为例）

六、典型案例工作资料汇编及出版的书籍

三届典型案例工作和首场发布活动及 5 场供需对接服务活动资料汇编

已出版书籍:《重点节能技术应用典型案例 2017》

已出版书籍:《重点节能技术应用典型案例 2019—2020》

2018 年 6 月第一届典型案例首场发布推介服务活动（线下举办）

2020 年 10 月第二届典型案例首场发布推介服务活动（线下举办）

2022 年 12 月第三届典型案例首场发布推介服务活动（线上线下相结合方式举办）

八、5 场较大规模的节能技术供需对接服务活动照片选

2018 年 9 月河南省节能技术改造与
服务供需对接会

2018 年 11 月三门峡节能技术改造与
服务供需对接会

2019 年 6 月京津冀节能技术改造
与服务供需对接会

2019 年 6 月第十六届中博会节能技术改造与
服务供需对接会

2020 年 10 月钢铁行业超低排放与节能技改、绿色金融供需对接服务活动

九、典型案例后期宣传推广服务展示手册和宣传册

典型案例技术后期宣传推广服务展示手册部分内容图片

第二届典型案例技术推广宣传册全页

第三届典型案例技术推广宣传册全页

十、典型案例商标贴标和中心走廊展板展示服务

第二届典型案例首场发布推介服务活动商标现场贴标仪式

第三届典型案例因疫情原因由应用单位自行开展线下商标贴标活动

三届典型案例均利用人流密集的中心会议区开展案例技术展示服务
（上两图为新华大厦办公区，下图为原东方宫办公区）